武强县
种养结合模式
与耕地质量提升

◎ 卢萍萍　邵昆仑　付鑫　侯瑞　杨树华　等　编著

U0272178

中国农业科学技术出版社

图书在版编目（CIP）数据

武强县种养结合模式与耕地质量提升 / 卢萍萍等编
著. -- 北京：中国农业科学技术出版社，2024.7.
ISBN 978-7-5116-6896-7

Ⅰ. F327.22

中国国家版本馆 CIP 数据核字第 20240KA223 号

责任编辑　倪小勋
责任校对　马广洋
责任印制　姜义伟　王思文

出　版　者　中国农业科学技术出版社
　　　　　　北京市中关村南大街 12 号　　邮编：100081
电　　　话　（010）62111246（编辑室）　　（010）82106624（发行部）
　　　　　　（010）82109709（读者服务部）
网　　　址　https://castp.caas.cn
经　销　者　各地新华书店
印　刷　者　北京建宏印刷有限公司
开　　　本　185 mm×260 mm　1/16
印　　　张　11
字　　　数　230 千字
版　　　次　2024 年 7 月第 1 版　2024 年 7 月第 1 次印刷
定　　　价　48.00 元

《武强县种养结合模式与耕地质量提升》
编著人员

主 编 著：卢萍萍　邵昆仑　付　鑫　侯　瑞　杨树华

副 编 著：张瑞雪　徐　健　张忠义　门　杰　王恰恰
　　　　　韩　鹏　郝立岩　李　奇　蔡万民　周少阳

参编人员：孙坤雁　郭　婷　张子旋　郭润泽　武鹏涛
　　　　　郭　靖　门明新　黄亚丽　黄媛媛　王艳群
　　　　　张中秋　马　琳　许皖钰　石佳玉　刘鑫融
　　　　　李慧卿　贾亮亮　王　杨　赵　洪　杨会英
　　　　　彭正萍　张凤钗　王进兴　袁振国　梁　虹
　　　　　张　兵　刘艳秋　刘广路　李　华　刘艳铭
　　　　　贾攀松　陈　磊　张　超　张　昭　谢　静
　　　　　高红霞　王贵霞　牛艳芹　于红妍　张会龙
　　　　　刘　赞　滕　菲　刘雅祯　王永涛　冯　旭
　　　　　谢　彬　刘志刚　马　阳　王亚玲　张世辉
　　　　　刘玉龙　王　宾　李亚楠　吕旭东　张佳英
　　　　　张　洋　孙旭霞　韩智超　杨　正　孙世媛
　　　　　张浩文　陈慧宇　司儒飞

内容简介

　　本书分为十章，阐述了武强县自然概况、耕地资源概况、农业生产和农村经济概况；介绍了绿色种养循环的概念、武强县绿色种养循环技术应用成效，并通过田间试验明确了绿色种养循环技术中有机肥替代化肥的应用效果。利用土壤类型、分布特征及多年耕地质量调查和监测数据，深入分析了武强县 2009 年和 2022 年的土壤物理性质、pH 值、有机质、全氮、有效磷、速效钾、缓效钾、有效铁、有效锰等大量营养元素和微量营养元素的时间和空间分布规律，探究武强县耕地土壤性质的时空演变规律。综合灌溉能力、耕层质地、质地构型、地形部位、盐渍化程度、排水能力、有效土层厚度、地下水埋深、土壤有机质、有效磷、速效钾、pH 值、容重、障碍因素、耕层厚度、农田林网化、生物多样性、清洁程度指标对耕地质量等级进行了综合评价，明确了武强县各乡镇等级耕地的空间分布、面积及其所占耕地的比例，揭示了不同等级耕地的基本特性，并对耕地质量等级影响因素进行了分析，针对存在的主要障碍因素提出了合理提升策略。结合武强县的耕地质量和养分分布现状，通过入户施肥调查分析了武强县主要粮食作物（小麦和玉米）的施肥种类、施肥方式和施肥量，依据肥料特性及相应的施肥方式提出了主要作物施肥指标体系和施肥建议。通过对田间试验和相关资料的总结分析，根据不同地力条件、作物类型、目标产量，科学确定粪肥施用量和替代化肥比例，提出了几种成功的种养结合模式及适域性耕地质量提升技术模式。本书为今后武强县在农业生产中实现科学合理管理土壤养分、制订合理施肥技术、提高耕地质量、提升农产品产量和品质提供科学依据。

前　　言

2023 年中央一号文件提出，要大力发展青贮饲料，加快推进秸秆养畜，有利于畜牧养殖业规模化、集约化发展；可形成种植养殖循环发展，改善生态环境；可帮助农民增收。习近平总书记高度重视耕地保护工作，多次就做好耕地保护和农村土地流转工作作出重要指示，他强调，耕地是我国最为宝贵的资源。我国人多地少的基本国情，决定了我们必须把关系十几亿人吃饭大事的耕地保护好，绝不能有闪失。要实行最严格的耕地保护制度，依法依规做好耕地占补平衡，规范有序推进农村土地流转，像保护大熊猫一样保护耕地①。在保证耕地数量的基础上，摸清耕地质量家底，有针对性地开展耕地质量保护和培育，有利于耕地内在质量得到改善，产能得以提升。

近两年，河北省武强县实施种养循环技术项目中，开展了冬小麦和夏玉米有机肥替代化肥技术等试验，测试分析了土壤理化性状和微生物、植株养分及农产品品质等指标，明确了武强县合适的有机肥替代化肥比例。自 2005 年以来，武强县在实施测土配方施肥项目和耕地质量调查评价项目中，每年对全县 6 镇进行土壤样品采集，分析了 pH 值、有机质、全氮等 20 多项理化性状指标，基本摸清了全县耕地质量变化。通过比对分析 2009—2022 年各种土壤养分的时空演变规律，建立了更新后的耕地资源管理信息系统及更高作物产量水平的耕地质量等级评价，统计分析了当地主要农作物施肥情况，建立了主要作物施肥指标体系，提出耕地质量提升的主要技术模式。本书将为武强县农业种养循环技术模式完善、探索新的绿色循环模式、制订合理施肥技术、提高耕地质量、提升农产品产量和品质提供科学依据。本书融合了编委会的多年实践和研究成果。第一章、第二章、第三章涉及的自然概况、耕地资源概况、农业生产和农村经济概

---

① 资料来源：《像保护大熊猫一样保护耕地》，习近平《论"三农"工作》，中央文献出版社 2022 年版，第 160 页。

况部分引自《武强县土壤志》《武强县统计年鉴》等材料，在此对提供资料的领导和科技人员表示感谢！在相关内容的实施过程中，河北农业大学、河北省农业技术推广总站、河北省耕地质量监测保护中心、衡水市农业农村局、武强县农业农村局等单位的相关技术人员给予了大力支持，在此表示谢意！最后，感谢国家重点研发计划（2023YFD2301500）、河北省重点研发计划（22326401D 和 21326402D）、武强县耕地质量保护与提升、化肥减量增效、种养循环试点项目和河北农业大学科研发展基金计划（JY2022006 和 JY2022005）等项目的资助。

本书涉及土壤肥料、植物营养、土壤微生物、耕地质量保护等多个学科，可供土壤、肥料、农学、植保、园艺、农业管理、耕地保护、农技推广、大专院校以及科研院所等部门的技术人员和广大师生阅读、参考。

由于写作时间仓促及作者学识水平所限，书中的疏漏在所难免，敬请各级专家及读者提出宝贵意见和建议，以利于进一步修改和完善。

编著者

2024 年 4 月

目　　录

第一章　自然概况

一、地理位置与行政区划

（一）地理位置

武强县位于河北省中南部，隶属衡水市。地处北纬 37°53′～38°09′、东经 115°47′～116°06′。东临泊头市，南接武邑县，西临深州市，西北为饶阳县，东北与献县毗连。县境滏阳河、滹沱河穿境而过，紧邻京沪和大广高速，石黄高速和 307 国道横贯东西，油路通车里程 683.6 km，是河北省交通最发达的市县之一。

（二）行政区划

武强县辖 6 镇，即武强镇、豆村镇、街关镇、周窝镇、东孙庄镇、北代镇。全县辖 238 个行政村。总面积 445 km²，耕地面积约 30 000 hm²。总人口 215 197 人，其中农业人口 167 110 人。

二、自然气候与水文地质

（一）自然气候

武强县属暖温带半湿润易旱大陆性季风气候，四季分明，雨热同期。年平均气温 12.8 ℃，平均地温（50 mm）15.2 ℃，全年 0 ℃以上积温 4 810.8 ℃，持续 277 d；≥10 ℃积温 4 372.7℃，持续 204 d。年日照时数为 2 505.1 h，太阳辐射年总量为 12 574 cal/cm²（1 cal≈4.19 J）。无霜期 185 d，初霜日为 10 月 22 日，终霜日为 4 月 22 日。年降水量 554.7 mm，雨量多集中在 7—8 月，平均为 451.9 mm，占全年降水量的 76%。冬季降水量很少，平均只有 14.8 mm，占全年降水量的 2%；春季降水量 51.4 mm，占全年降水量的 9%。全县无霜期较长，日照和太阳辐射比较充裕，积温较高，热量资源充沛，有利于作物轮作和倒茬，适合作物一年两熟或两年三熟。

（二）水文地质

武强县位于滹沱河古洪积扇的前缘，为河北平原水文地质区中近山河流冲洪积和平原河流冲洪积的交接地带。按水分地质特性分为滹沱河冲积水文地质亚区（Ⅰ区）和滹沱河冲积水文地质亚区（Ⅱ区）。两区的界线大致在郝家庄北—周家窝—北代—沿旧平沟至县北界。此线以西为Ⅰ区，以东为Ⅱ区。由于历代水系杂乱，交错沉积，水文地质条件较复杂，县境地下水中浅层淡水、深层淡水和咸水皆有分布。据第二次土壤普查记载，地下水位一般埋深 1.5～2.5 m。心土层、底土层有铁锰结核及锈纹锈斑，地下水直接参与成土过程。水质矿化度为 1～5 g/L，盐分主要以硫酸盐为主，其次为氯化物。

武强县地表水资源有 3 个来源：一是大气降水（年降水量 554.7 mm），二是石津渠水（年均输入 1 000 万 m³），三是坑塘蓄水（450 万 m³）。据县水文资料记载，多年平均年自产径流量 1 128 万 m³，丰水年 1 863 万 m³，平水年 555 万 m³，偏枯年 135 万 m³，平均径流深度为 25 mm。石津渠来水是武强县地表水资源的组成部分，供水数量、时间因黄壁庄水库蓄水而异。河渠过县境水主要来自滏阳新河、滏阳河、滏阳排河、天平沟、留楚排干五条河流渠道，除蒸发、涌漏外，主要用于农田灌溉。

（三）四季特征

1. 春季

随着太阳直射点北移，日照逐渐加强，故春季气温回升较快，降水较少，干燥多风，蒸发量大于降水量。春旱情况严重，虽然冷空气势力逐渐减弱，但冷空气活动仍比较频繁。

2. 夏季

受印度洋低气压控制，又因处于北太平洋副热带高气压带的西部边缘常形成东南季风，受其影响天气炎热潮湿，降水丰沛，为全年主要降水季节。

3. 秋季

随太阳直射点南移，气温下降，北太平洋西部的副热带高气压带南退，降水逐渐减少，暑热消除，天高气爽，蒙古—西伯利亚高气压势力逐渐加强，遇冷空气南下，偶有连绵阴雨天气。

4. 冬季

在蒙古—西伯利亚冷高压控制下，常刮西北风，来自高纬度的极地大陆气团经常南下，并控制本地，故冬季气候干燥寒冷，降水稀少，偶有大风天气。

（四）气象灾害

1. 旱涝灾害

旱涝灾害是影响武强县农业生产的主要灾害。其中旱灾最为突出，尤其是春季，影响农作物春播的正常进行，冬小麦的生长发育完全依靠灌溉。伏旱和秋旱的发生频率仅次于春旱，造成秋粮减产。武强县历史上涝灾发生频率较高。

2. 大风

大风是武强县的主要气象灾害之一，春季大风占全年的 50%，秋季大风较少。风向最多的是西南风，其次是东北风或西北风，大风灾害时常造成大面积冬小麦倒伏、果树落叶落果、树木与电杆折断、电力设施损坏、围墙倒塌、建筑物损坏，大风灾害程度不一。

3. 干热风

干热风是高温、低湿并伴有一定风力的灾害性天气。造成植物水分平衡失调，在短时间内给作物的发育和产量带来一定影响。干热风是武强县小麦生长过程中可能遇到的一种气象灾害。干热风会对小麦灌浆产生不利影响，进而影响小麦产量和品质。

为了防范干热风对小麦的危害，武强县采取了多种措施。例如，加强气象监测和预警，及时发布干热风预警信息，提醒农民朋友采取措施防范干热风。此外，武强县还推广科学的农业技术，指导农民朋友合理施肥、浇水，提高小麦的抗干热风能力。

在干热风来临前，适时喷施叶面肥是减轻其危害的有效措施之一。通过采取"一喷综防"的措施，可以增强小麦植株的抗逆性和抗干热风能力，延缓植株衰老，提高小麦产量和品质。

第二章 耕地资源概况

第一节 耕地资源的立地条件

一、地质地貌特点

武强县地势平坦开阔，以海拔 200 m 以下的平原区为主，占区划面积的 75% 以上。这种地貌特征有利于农业的发展，尤其是对于大规模机械化农业操作具有较好的适应性。此外，县境内还流经着滏阳河和滹沱河，这两条河流对于当地水利和水文环境有重要影响。这种地形地貌条件为当地农业和生态环境提供了良好的基础。

武强县是华北冲积平原的一部分，主要母质类型是古漳河、滹沱河及其支流的冲积物。土壤类型是潮土，土壤质地随地势的高低从西南到东北由轻到重，土壤分布成带状，同时受老盐河、清凉江、南运河、古漳河的影响，质地以轻壤土为主的地方又分布着一定面积的盐化潮土。

二、成土母质类型及特征

武强县土壤系历代河流冲积物。在漫长的历史年代里，由于先后受黄河、漳河、滹沱河的冲刷和交错沉积，深层土壤垂直排列变化较大。而近代主要受漳河漫流影响，冲积物较细，所以大部为黏质沉积。土壤颜色呈灰棕色或褐棕色，具有典型的石灰岩母质土壤特征。

三、水资源情况

武强县是严重缺水的地区，随着经济的发展，人口的增加，社会的进步，人们对环境、水质、供水保证等要求也越来越高。武强县水资源时空分布不均，与生产力布局不相匹配等尤为突出。面对严峻的水资源形势，必须建立最严格的水资源管理制度。这就要求以总量控制为核心，抓好水资源配置；以水功能区管理为载体，进一步加强水资源保护；以强化基础工作为重点，提高水资源管理水平，增强珍惜水资源、保护水环境、防患水灾害、遵守水法规的意识。坚定不移节约保护水资源，推动全县水利事业又好又快发展，以现有水资源承载经济社会的全面发展。

（一）水资源概述

1. 水资源总量

2021 年，武强县水资源总量为 8 210.1 万 m^3，比 2020 年增加 5 622.5 万 m^3、增加 2.2 倍，比往年平均值多 5 401.1 万 m^3、增加 1.9 倍。其中，地表水资源量为 1 016.2 万 m^3，地下水资源量为 7 961.0 万 m^3，地下水与地表水不重复量为 7 193.9 万 m^3。全县平均产水系数 0.22，产水模数 18.20 万 m^3/km^2（表 2-1）。

表 2-1 2021 年武强县及各镇水资源总量 单位：万 m^3

行政区	地表水资源量	地下水资源量	水资源总量	产水系数	产水模数/（万 m^3/km^2）
豆村镇	158.90	1 668.90	1 386.80	0.25	21.50
北代镇	186.00	798.50	984.50	0.14	12.01
东孙庄镇	129.30	946.30	1 075.60	0.19	15.02
武强镇	258.90	2 007.50	2 240.50	0.26	22.59
周窝镇	112.50	1 110.20	1 023.70	0.24	19.50
街关镇	170.60	1 429.60	1 499.00	0.23	18.46
武强县	1 016.20	7 961.00	8 210.10	0.22	18.20

2. 蓄水动态变化

2021 年末武强县浅层地下水平均埋深 7.17 m，与 2020 年同比水位上升 3.47 m，浅层地下水储存量比年初增加 8 607.3 万 m^3；全县深层地下水平均埋深 53.66 m，与 2020 年同比水位上升 11.92 m。

3. 供水量情况

2021 年，武强县供水总量为 8 367.16 万 m^3，比 2020 年减少 98.84 万 m^3。其中地表水源供水量 5 932.44 万 m^3，占总供水量的 70.9%；地下水源供水量 2 434.72 万 m^3，占总供水量的 29.1%。

4. 用水量情况

2021 年武强县用水总量为 8 367.16 万 m^3，比 2020 年用水量减少 98.84 万 m^3。其中，农业用水量为 7 540.37 万 m^3，占总用水量的 90.1%；工业用水量为 155.02 万 m^3，占总用水量的 1.9%；生活用水量为 671.77 万 m^3，占总用水量的 8.0%。

（二）降水量及其分布

1. 降水量的空间分布

武强县平均降水量 833.3 mm，豆村镇、北代镇、东孙庄镇、武强镇、周窝镇、街关镇分别为 853.8 mm、835.2 mm、789.6 mm、867.6 mm、823.0 mm、819.0 mm，其中武强镇平均降水量最大，东孙庄镇平均降水量最小（图 2-1）。

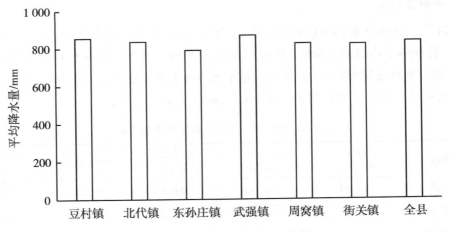

图 2-1　武强县各镇平均降水量

2. 降水量的时间分配

根据 2021 年武强县代表站降水量分析，代表站年降水量 909.2 mm，降水量年内分配较不均匀，具有年内分配集中的特点（图 2-2）。连续最大四个月（7—10 月）降水量为 759.2 mm，占全年降水量的 83.5%，连续最大两个月（7 月、8 月）降水量为 417.0 mm，占全年降水量的 45.9%；其他月份（1—6 月、11 月、12 月）降水量为 150.0 mm，占全年降水量的 16.5%。春灌期间（3—5 月）降水量 31.5 mm，占全年降水量的 3.5%；秋冬灌期间（10 月、11 月）共降水 193.5 mm，占全年降水量的 21.3%。

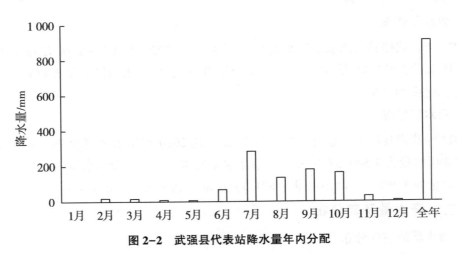

图 2-2　武强县代表站降水量年内分配

（三）地表水资源

2021 年武强县地表水资源量 1 016.2 万 m^3，折合年径流深 22.5 mm，各乡镇中，武强镇地表水资源量最大，为 258.9 万 m^3，周窝镇最小，为 112.5 万 m^3（表 2-2）。

表 2-2　武强县各乡镇地表水资源量

行政区	地表水资源量/万 m^3	径流深/mm
豆村镇	158.9	24.6
北代镇	186.0	22.7
东孙庄镇	129.3	18.1
武强镇	258.9	26.1
周窝镇	112.5	21.4
街关镇	170.6	21.0
全县	1 016.2	22.5

2021 年武强县入境水量 202 388.3 万 m^3。流经本县的河流有滏阳河、滏阳新河、滏东排河，其中滏阳新河入境量最大，为 136 329.3 万 m^3，占全县总入境水量的 67.4%，滏阳河入境水量最小，为 5 085.2 万 m^3。全县河道总出境水量为 200 504.5 万 m^3，其中滏阳新河出境水量最大，为 140 000 万 m^3，占总出境水量的 69.8%。全县各河道总入出境水量差为 1 883.8 万 m^3，主要用于农田灌溉和消耗于蒸发、渗漏。

武强县石津渠引水总量（按渠首计算）为 3 574.95 万 m^3，主要用于农业灌溉。2021 年全县南水北调引江水量 917.2 万 m^3，主要用于生活及工业用水。

（四）地下水资源

2021 年，武强县矿化度≤2 g/L 的浅层地下水资源量为 7 961.0 万 m^3，与 2020 年相比增加 4 933.4 万 m^3，增加 1.6 倍，比往年平均值多 5 446.3 万 m^3，增加 2.2 倍。从表 2-3 可以看出，武强镇地下水资源量最大，为 2 007.5 万 m^3，北代镇地下水资源量最小，为 798.5 万 m^3。地下水总补给量为 8 105.2 万 m^3。其中降水入渗补给量为 7 193.9 万 m^3，占全县地下水总补给量的 88.8%，是全县地下水资源量的重要补给来源；地表水体渗透补给量为 767.1 万 m^3，占全县地下水总补给量的 9.5%；井灌回归补给量为 144.2 万 m^3，占全县地下水总补给量的 1.8%。

表2-3 武强县地下水资源量

行政区	补给量/万 m³				地下水资源量/万 m³
	降水入渗	地表水体渗透	井灌回归	总补给量	
豆村镇	1 227.9	441.0	9.6	1 678.5	1 668.9
北代镇	798.5	0.0	28.5	827.0	798.5
东孙庄镇	946.3	0.0	30.6	976.9	946.3
武强镇	1 981.6	25.9	57.1	2 064.6	2 007.5
周窝镇	911.2	199.0	7.4	1 117.6	1 110.2
街关镇	1 328.4	101.2	11.0	1 440.6	1 429.6
全县	7 193.9	767.1	144.2	8 105.2	7 961.0

四、植被情况

自然植被多为旱生型或半旱生型草本植被，常见的有马唐、车前子、茅草、藜藜、益母草、苍耳、马齿苋、小蓟、两栖蓼。在碱地上有红荆、碱蓬、羊角菜，坑塘低洼湿地有芦草、芦苇、稗子草等。武强县农作物主要有小麦、玉米、高粱、谷子、甘薯、豆类、花生、芝麻、棉花及各类蔬菜。栽种树木有杨、柳、榆、槐、桑、椿、枣、桃、杏、梨、苹果、枸杞。经济作物有麻类、药材等。

第二节 耕地资源现状

一、土壤类型及分布

根据全国第二次土壤普查资料，武强县的土壤类型为2个土类、3个亚类、8个土属、27个土种。潮土土类是武强县主要的土壤类型，遍布武强县6个乡镇，面积37 061.86 hm²，其中包括潮土和盐化潮土2个亚类、6个土属、24个土种。

（一）潮土

潮土亚类是武强县的主要类型，面积31 337.25 hm²，占土壤总面积的84.13%，遍布武强县6个镇。土壤呈微碱性，pH值在7.4以上，通体石灰反应强烈，该亚类又分为壤质潮土和黏质潮土2个土属、8个土种。壤质潮土：土壤性质介于砂土和黏土之间，含小于0.01 mm物理黏粒20%~45%，称为"二合土"。砂黏配合适当，团粒结构好，保水保肥，通气透水，耕作性能一般较好，适种范围广，加之人为熟化程度不断提高，是理想的土壤质地类型。潮土类型为武强县粮、棉、油高产稳产基地，分布在原西

五、孙庄、周窝、合立北部、沙洼大部分地区、马头、留贯北部、街关中南部等。面积13 286.79 hm²，根据表层质地和土体构型该土属划分为轻壤质潮土、轻壤质底砂潮土、轻壤质底黏潮土、中壤质潮土、中壤质底砂潮土5个土种。其中，轻壤质潮土通体质地轻壤或间层出现砂壤或中壤。理化性状适中，水、气、热状况协调，保水保肥性能适中。耕作性强，适宜多种作物种植，是武强县良好的高产土壤类型。黏质潮土：又称为"黑土""死黑地"，通体黏土或表层中壤，以下为中壤或胶泥。土质黏重，黏结性、湿胀性大，干时坚硬，湿时泥泞，耕作困难，耕后易起大坷垃。易旱易涝，地温低，养分高，保水保肥性能强，但通透性差，发老苗不发小苗，一般大秋作物生长良好，如具备水源条件，适时耕作，注重增施有机肥料，同样能稳产高产。根据黏质潮土的土体结构可分为黏质潮土、黏质底壤潮土、黏质底砂潮土3个土种。

（二）盐化潮土

盐化潮土亚类主要是由于地势低洼、积水、地下水位上升，并于两季携盐分而溢出地表，使土壤盐化。其剖面特征为：土壤颜色随土层深度从浅灰棕、灰棕到暗灰棕，层次明显。表层中壤，下层轻壤或砂壤，团粒结构多为屑块。盐分在地表形成盐霜或盐斑。主要分布在武强县西北部和腹部沿滹沱河，故道及其支流朱家河两侧。包括原来的合立、沙洼、西五、街关、留贯、周窝、北代、小范、马头9个乡，豆村、孙庄2个乡有零星分布，面积5 651.28 hm²。武强县轻度、中度、重度盐化潮土多呈复区分布，交叉错综。该亚类主要包括4个土属、16个土种。

（三）盐土

盐土是武强县的第二个土类，为弃耕"盐荒地"。表层轻壤或中壤，下层砂土或砂壤，0～20 cm土层含盐量0.26%～0.78%，地下水矿化度在3 g/L以上，两季积水，旱季则借毛细管现象蒸发返盐致使土体盐分上多下少，一般无法耕种，只能生长耐盐较强的碱蓬、羊角菜、红荆、马绊草、小芦苇等，多分布在朱家河故道两侧，也零星分布在其他浅平封闭洼地的周围，与盐化潮土呈复区分布，面积274.67 hm²。该土类只有1个亚类，即草甸盐土类，2个土属、3个土种。

二、耕地面积和质量

武强县耕地土壤总面积为30 163 hm²，共分为两个级别，其中四级耕地的面积最大，为18 414.48 hm²，占耕地总面积的61.05%，主要分布在北代镇、街关镇等。五级地耕地面积11 748.52 hm²，占耕地总面积的38.95%。主要分布在北代镇、武强镇等。

三、耕地养分与演变

(一)土壤养分现状及其变化规律

1. 土壤大量养分现状和变化规律

从土壤大量元素变化情况（表2-4）可以看出，2009年武强县土壤有机质、全氮、有效磷、速效钾、缓效钾变化范围分别为5.11~36.33 g/kg、0.30~2.16 g/kg、4.34~76.95 mg/kg、66.64~555.42 mg/kg和590.00~1 437.01 mg/kg；平均值分别为19.09 g/kg、1.21 g/kg、17.56 mg/kg、249.45 mg/kg和1 096.08 mg/kg；变异系数分别为26.14%、28.51%、69.78%、40.21%和14.25%，有效磷区域间变异最大，速效钾次之，缓效钾变异系数最低。

2022年武强县土壤有机质、全氮、有效磷、速效钾、缓效钾变化范围分别为7.56~34.00 g/kg、0.51~2.39 g/kg、5.11~123.07 mg/kg、120.08~461.30 mg/kg和674.86~1 429.36 mg/kg；平均值分别为19.69 g/kg、1.24 g/kg、29.55 mg/kg、245.77 mg/kg和1 008.01 mg/kg；变异系数分别为29.81%、28.23%、85.14%、35.39%和19.13%，有效磷区域间变异最大，速效钾次之，缓效钾变异系数最低。

表2-4 武强县土壤大量元素变化统计

年份	指标	有机质/（g/kg）	全氮/（g/kg）	有效磷/（mg/kg）	速效钾/（mg/kg）	缓效钾/（mg/kg）
2009	最大值	36.33	2.16	76.95	555.42	1 437.01
	最小值	5.11	0.30	4.34	66.64	590.00
	平均值	19.09	1.21	17.56	249.45	1 096.08
	标准差	4.99	0.35	12.25	100.30	156.24
	变异系数/%	26.14	28.51	69.78	40.21	14.25
2022	最大值	34.00	2.39	123.07	461.30	1 429.36
	最小值	7.56	0.51	5.11	120.08	674.86
	平均值	19.69	1.24	29.55	245.77	1 008.01
	标准差	5.87	0.35	25.16	86.99	192.85
	变异系数/%	29.81	28.23	85.14	35.39	19.13
2022年较2009年增加		0.60	0.03	11.99	-3.68	-88.07

与2009年比较，2022年武强县的土壤有机质、全氮、有效磷分别增加0.60 g/kg、0.03 g/kg、11.99 mg/kg；缓效钾、速效钾分别减少3.68 mg/kg和88.07 mg/kg（表2-4）。按照河北省地方标准《耕地地力主要指标分级诊断》 （DB 13/T 5406—

2021），2009 年和 2022 年武强县土壤有机质均为 3 级，两年的全氮、缓效钾均为 2 级，速效钾均为 1 级，2009 年有效磷为 3 级，而 2022 年有效磷为 2 级（表 2-5）。

表 2-5　武强县土壤大量元素等级变化统计

年份	指标	有机质/（g/kg）	全氮/（g/kg）	有效磷/（mg/kg）	速效钾/（mg/kg）	缓效钾/（mg/kg）
2009	平均值	19.09	1.21	17.56	249.45	1 096.08
	等级	3	2	3	1	2
2022	平均值	19.69	1.24	29.55	245.77	1 008.01
	等级	3	2	2	1	2

2. 土壤大量养分等级比例

由表 2-6 可知，2022 年武强县土壤有机质样点数分别为一级至五级，占总样点数的比例分别为 20.00%、22.22%、37.78%、17.78% 和 2.22%，所对应的耕地面积分别为 6 032 hm²、6 702 hm²、11 394 hm²、5 362 hm² 和 670 hm²；全氮样点数分别为一级至五级，占总样点数的比例分别为 22.22%、22.22%、40%、13.33% 和 2.23%，对应的耕地面积分别为 6 702 hm²、6 702 hm²、12 065 hm²、4 021 hm² 和 670 hm²。有效磷样点数分别为一级至五级，占总样点数的比例分别为 33.33%、11.11%、26.67%、11.11% 和 17.78%，对应的耕地面积分别为 10 054 hm²、3 351 hm²、8 043 hm²、3 351 hm² 和 5 362 hm²；速效钾的样点数分别为一级和二级，占总样点数的比例分别为 95.56% 和 4.44%，对应的耕地面积分别为 28 822 hm² 和 1 340 hm²；缓效钾的样点数分别为一级至四级，占总样点数的比例分别为 22.22%、28.99%、40% 和 8.89%，对应的耕地面积分别为 6 702 hm²、8 713 hm²、12 065 hm² 和 2 681 hm²。

表 2-6　2022 年武强县土壤大量养分样点所占比例和耕地面积

指标	各级耕地样点所占比例和耕地面积				
	一级（高）	二级（较高）	三级（中）	四级（较低）	五级（低）
有机质/（g/kg）	>25	(20, 25]	(15, 20]	(10, 15]	≤10
样点所占比例/%	20.00	22.22	37.78	17.78	2.22
耕地面积/hm²	6 032	6 702	11 394	5 362	670
全氮/（g/kg）	>1.50	(1.20, 1.50]	(0.90, 1.20]	(0.60, 0.90]	≤0.60
样点所占比例/%	22.22	22.22	40	13.33	2.23
耕地面积/hm²	6 702	6 702	12 065	4 021	670

（续表）

指标	各级耕地样点所占比例和耕地面积				
	一级（高）	二级（较高）	三级（中）	四级（较低）	五级（低）
有效磷/（mg/kg）	＞30	(25, 30]	(15, 25]	(10, 15]	≤10
样点所占比例/%	33.33	11.11	26.67	11.11	17.78
耕地面积/hm²	10 054	3 351	8 043	3 351	5 362
速效钾/（mg/kg）	＞130	(115, 130]	(100, 115]	(85, 100]	≤85
样点所占比例/%	95.56	4.44	0	0	0
耕地面积/hm²	28 822	1 340	0	0	0
缓效钾/（mg/kg）	＞1 200	(1 000, 1 200]	(800, 1 000]	(600, 800]	≤600
样点所占比例/%	22.22	28.99	40	8.89	0
耕地面积/hm²	6 702	8 713	12 065	2 681	0

（二）土壤中微量元素养分现状和变化规律

1. 土壤中微量元素养分现状

土壤中微量元素变化情况（表2-7）表明，2009年武强县土壤有效铁、有效锰、有效铜、有效锌、有效硼、有效硫、有效硅、有效钼的变化范围分别为11.08～26.67 mg/kg、5.53～8.35 mg/kg、1.07～3.21 mg/kg、0.81～4.35 mg/kg、0.44～1.28 mg/kg、5.58～176 mg/kg、138.25～248.75 mg/kg 和 0.07～0.21 mg/kg；平均值分别为 22.74 mg/kg、6.68 mg/kg、1.93 mg/kg、2.28 mg/kg、0.92 mg/kg、74.79 mg/kg、197.31 mg/kg 和 0.13 mg/kg；有效硫的变异系数最大，有效锰的变异系数最小。

表2-7 武强县土壤中微量元素现状变化和等级变化统计　　　　单位：mg/kg

年份	指标	有效铁	有效锰	有效铜	有效锌	有效硼	有效硫	有效硅	有效钼
2009	最大值	26.67	8.35	3.21	4.35	1.28	176.00	248.75	0.21
	最小值	11.08	5.53	1.07	0.81	0.44	5.58	138.25	0.07
	平均值	22.74	6.68	1.93	2.28	0.92	74.79	197.31	0.13
	标准差	5.83	1.00	0.74	1.35	0.28	74.42	37.93	0.05
	变异系数/%	25.66	15.00	38.37	59.38	30.26	99.51	19.22	35.39

（续表）

年份	指标	有效铁	有效锰	有效铜	有效锌	有效硼	有效硫	有效硅	有效钼
	最大值	18.52	13.83	1.76	3.20	0.85	18.63	526.75	0.16
	最小值	11.92	10.85	1.27	0.83	0.54	3.61	386.00	0.05
2022	平均值	14.35	12.58	1.54	1.90	0.69	9.17	469.25	0.13
	标准差	2.50	1.26	0.18	1.14	0.11	5.79	54.21	0.04
	变异系数/%	17.44	9.99	12.00	59.70	16.26	63.19	11.55	34.87
2022年较2009年增加		-8.39	5.90	-0.39	-0.38	-0.23	-65.62	271.94	0

2022 年武强县土壤有效铁、有效锰、有效铜、有效锌、有效硼、有效硫、有效硅、有效钼的变化范围分别为 11.92～18.52 mg/kg、10.85～13.83 mg/kg、1.27～1.76 mg/kg、0.83～3.20 mg/kg、0.54～0.85 mg/kg、3.61～18.63 mg/kg、386～526.75 mg/kg 和 0.05～0.16 mg/kg；平均值分别为 14.35 mg/kg、12.58 mg/kg、1.54 mg/kg、1.90 mg/kg、0.69 mg/kg、9.17 mg/kg、469.25 mg/kg 和 0.13 mg/kg；有效硫的变异系数最大，有效锌的变异系数次之，有效锰的变异系数最小。

与 2009 年比较，2022 年武强县土壤有效铁、有效铜、有效锌、有效硼、有效硫、有效钼的平均含量分别减少 8.39 mg/kg、0.39 mg/kg、0.38 mg/kg、0.23 mg/kg、65.62 mg/kg。土壤有效锰、有效硅分别增加 5.90 mg/kg、271.94 mg/kg。按照河北省地方标准《耕地地力主要指标分级诊断》（DB 13/T 5406—2021），2009 年和 2022 年的土壤有效铁、有效锰、有效铜、有效锌、有效硼、有效硫、有效硅、有效钼等级水平情况如表 2-8 所示，有效铁和有效锌等级均降低 1 级，有效硫降低 4 级，只有有效硅提升 1 级。

表 2-8　武强县土壤中微量元素等级变化统计　　　　　单位：mg/kg

时间	指标	有效铁	有效锰	有效铜	有效锌	有效硼	有效硫	有效硅	有效钼
2009 年	平均值	22.74	6.68	1.93	2.28	0.92	74.79	197.31	0.13
	等级	1	3	2	2	3	1	2	4
2022 年	平均值	14.35	12.58	1.54	1.90	0.69	9.17	469.25	0.13
	等级	2	3	2	3	3	5	1	4

2. 土壤中微量元素等级比例

由表 2-9 可知，有效铁的样点数均为二级，占总样点数的 100%，对应耕地面积为 30 163 hm²；有效锰均为三级，占总样点数的 100%，面积为 30 163 hm²；有效铜的样点数为二级和三级，占总样点数的 60% 和 40%，对应耕地面积分别为 18 097 hm² 和

12 065 hm^2；有效锌以一、三级为主，均占总样点数的40%，对应耕地面积均为12 065 hm^2；有效硼均为三级，占总样点数的100%，面积30 163 hm^2；有效硫以五级为主，占总样点数的80%，面积24 130 hm^2；有效硅的样点数均为一级，占总样点数的100%，面积30 163 hm^2；有效钼的样点数以三级为主，占总样点数的60%，面积18 097 hm^2。

表2-9 武强县土壤中微量元素样点所占比例和耕地面积

指标	各级耕地样点所占比例和耕地面积				
	一级（高）	二级（较高）	三级（中）	四级（较低）	五级（低）
有效铁/（mg/kg）	＞20	(10, 20]	(4.5, 10]	(2.5, 4.5]	≤2.5
样点所占比例/%	0	100	0	0	0
耕地面积/hm^2	0	30 163	0	0	0
有效锰/（mg/kg）	＞30	(15, 30]	(5, 15]	(1, 5]	≤1
样点所占比例/%	0	0	100	0	0
耕地面积/hm^2	0	0	30 163	0	0
有效铜/（mg/kg）	＞2.0	(1.5, 2.0]	(1.0, 1.5]	(0.5, 1.0]	≤0.5
样点所占比例/%	0	60	40	0	0
耕地面积/hm^2	0	18 097	12 065	0	0
有效锌/（mg/kg）	＞3.0	(2.0, 3.0]	(1.0, 2.0]	(0.5, 1.0]	≤0.5
样点所占比例/%	40	0	40	20	0
耕地面积/hm^2	12 065	0	12 065	6 032	0
有效硼/（mg/kg）	＞2.0	(1.0, 2.0]	(0.5, 1.0]	(0.25, 0.5]	≤0.25
样点所占比例/%	0	0	100	0	0
耕地面积/hm^2	0	0	30 163	0	0
有效硫/（mg/kg）	＞45	(35, 45]	(25, 35]	(15, 25]	≤15
样点所占比例/%	0	0	0	20	80
耕地面积/hm^2	0	0	0	6 032	24 130
有效硅/（mg/kg）	＞200	(150, 200]	(100, 150]	(50, 100]	≤50
样点所占比例/%	100	0	0	0	0
耕地面积/hm^2	30 163	0	0	0	0
有效钼/（mg/kg）	＞0.30	(0.20, 0.30]	(0.15, 0.20]	(0.10, 0.15]	≤0.10
样点所占比例/%	0	20	60	20	0
耕地面积/hm^2	0	6 032	18 097	6 032	0

第三章　农业生产和农村经济概况

　　武强县粮食作物种植历史悠久，通过调整农业种植结构，种植的主要作物有小麦、玉米、甘薯、谷子、高粱、花生、大豆等，全县以农业增产、农民增收为重点，发展特色农业深入推广黑小麦、高粱等特色种植，调整种植业结构，加快园区建设，培育新型农业经营主体，积极推进农业产业化进程，确保了农业经济稳步发展。通过实施高标准农田建设、果菜有机肥替代化肥、地下水压采农业项目、测土配方施肥、高产创建、新型农民培育等项目，农田基础设施不断得到改善，农民的科技素质不断提高，粮食产量连年增收。

第一节　农业生产概况

一、农作物种植面积和产量

　　农业统计资料显示，2019 年武强县全年粮食播种面积 3.9 万 hm²，比 2018 年下降 3.2%；粮食总产量 23.6 万 t，下降 0.7%。其中，夏粮 9.7 万 t，下降 7.3%；秋粮 13.9 万 t，增长 4.5%。棉花播种面积 45.5 hm²，比 2018 年下降 40.4%；棉花总产量 48.9 t，下降 37.2%。油料作物播种面积 789 hm²，比 2018 年增长 5.1%；油料作物总产量 2 531 t，增长 2.6%。自 2014 年以来，为减少地下水超采，河北省实施地下水综合治理农业项目，武强县开始实施地下水超采种植结构调整项目（季节性休耕项目），小麦种植面积大幅度减少。2014—2022 年武强县累计实施地下水超采季节性休耕项目 2.4 万 hm²。

　　2019 年武强县蔬菜播种面积 1 539.6 hm²，比 2018 年下降 22.2%；蔬菜总产量 7.4 万 t，下降 31.1%，其中设施蔬菜播种面积 213.5 hm²，下降 10.4%，占全部蔬菜播种面积的 13.9%；设施蔬菜产量 0.9 万 t，下降 8.5%，占蔬菜总产量的 12.6%。瓜果播种面积 43.5 hm²，比 2018 年下降 34.5%；瓜果总产量 0.2 万 t，下降 42.8%。

　　武强县近年来农业结构调整步伐加快，龙型经济初具规模。按照"立足武强实际，促进农民增收，发展主导产业，培育龙型经济，压粮扩菜，增加畜产比重"调整思路，通过实施"西菜东草"方案，全县初步形成了西部以蔬菜为主，东部以林果、牧草、养殖为主的发展格局。建成了粮食、辣椒、蔬菜、食品、养殖五大生产基地，先后被国家和河北省命名为"小食品生产基地县""黄瓜生产之乡""无公害蔬菜生产基地县"。投资 1 500 万元的武强千亩蔬菜示范园，带动了蔬菜产业的快速发展，完成了沿 307 国道 28 km 长的无公害蔬菜生产带建设，全县日光温室总数达 20 600 个，蔬菜面积达 6 667 hm²，被河北省确定为 40 个蔬菜生产大县之一。林草间作高效种植模式初具规模，全县经济林、用材林达 3 333 hm²，苜蓿 1 333 hm²。以草带养、种养结合，养殖业迅速发展。

二、农业生产条件

（一）农业机械动力

武强县农业机械总动力 43.98 万 kW，其中大中型拖拉机 1 210 台，小型拖拉机 7 000 台，小麦收割机 564 台，玉米收割机 640 台。主要农作物综合机械化水平达到 90% 以上。

（二）有机肥资源丰富

2020 年以来粮食作物播种面积稳定在 40 467 hm²、花生约 1 000 hm²、蔬菜约 1 466 hm²、其他约 1 400 hm²，农作物秸秆等有机肥资源产生量充足，能够满足本区域还田需求。

自 2018 年以来，武强县大力发展畜牧业，在全县各镇，依托种养结合模式，以蒙牛集团为龙头，以"企业+基地+合作社+农户"的模式，大力发展奶牛养殖业。重点建设蒙牛现代牧场、蒙牛乳业（衡水）有限公司和有机肥加工厂，规划建设千头标准化奶牛养殖场 7 个，智能化高端奶加工基地 1 个，有机肥加工厂 1 个，仓储物流基地 1 处，建设打造蒙牛奶科普乐园 1 座，配置奶牛信息管理系统 1 套。截至 2022 年，武强县畜牧养殖总量（以猪当量计）达 32.8 万头，畜禽粪污资源总量为 228.8 万 t，全量还田、堆肥利用、粪水肥料化量为 195.2 万 t。畜禽粪污综合处理现有运行模式为沼气池和沉淀池，畜禽粪污综合处理技术模式为堆肥发酵、三级沉淀池，畜禽粪污资源化利用率为 90.4%。

依托绿色循环农业及其他相关项目，县内有机肥生产厂家与规模养殖场签订粪污处理协议，采用先进生产技术对养殖场粪污进行无害化处理和资源化利用，现年粪污收集处理能力 50 万 m³，年生产固态有机肥 10 万 t。据 2022 年下半年统计，武强县当年粪肥还田面积超过 10 500 hm²，还田量超过 6.7 万 t。武强县沼气综合利用循环系统，采用"自动清粪、分级沉淀、种养结合、肥料还田"先进工艺处理粪污，采用中温厌氧发酵技术，污染物中储存的能量回收率可达 80% 以上，年产沼气 1 580 万 m³，发电 2 160 万 kW·h，处理沼渣 13 万 t、沼液 60 万 t，可供周边 533 hm² 土地种植使用，亩①产量高出其他土地 20%～30%。

第二节　农业总产值和农民人均收入

一、农业总产值

农业统计资料显示，2011 年武强县农业总产值（农林牧渔业）91 315 万元，其中农业产值 64 111 万元，占农业总产值的 70.2%；畜牧业产值 23 906 万元，占农业总产值的 26.2%；林业产值 709 万元，占农业总产值的 0.7%；其他产业收入占 2.9%。2016 年，武强县农牧渔业总产值 91 743 万元，其中农业产值 49 978 万元，占农业总产值的 54.5%；畜牧业产值 29 212 万元，占农业总产值的 31.8%；林业产值 3 096 万元，占农业总产值的 3.4%；其他产业收入占 10.3%。2019 年，武强县农牧渔业总产值 106 479 万元，其中农业产值 50 377 万元，占农业总产值的 47.3%；畜牧业产值 44 980 万元，占农业总产值的 42.2%；林业产值 3 290 万元，占农业总产值的 3%；其他产业收入占 7.5%。

近年来，武强县以农业增产、农民增收为重点，围绕发展壮大畜牧、特色农业，积极推进农业产业化进程，确保了农业经济稳步发展。种植业结构进一步调整，畜牧业稳步健康发展，全县农村经济发展取得了巨大成就。

二、农民人均纯收入

武强县作为农业大县，长期以来，其经济一直以农业为主，农业以种植业为主，农民收入也以农业为主。随着社会的发展，按照"立足武强实际，促进农民增收，发展主导产业，培育龙型经济，压粮扩菜，增加畜产比重"的思路发展，农民人均纯收入呈持续增长态势。

2019 年武强县农业总产值已达 106 479 万元，比 2018 年的 99 578 万元有所上升。农民人均可支配收入为 10 025 元，比 2016 年的 7 067 元有大幅上升。2013 年末总人口 21.65 万人，其中城镇人口 6.87 万人，乡村人口 14.78 万人，城镇居民人均可支配收入 13 439 元，农村居民人均可支配收入 4 916 元。2016 年末总人口 21.64 万人，其中城

---

①　1 亩≈667 m²，全书同。

镇人口 8. 19 万人，乡村人口 13. 45 万人，城镇居民人均可支配收入 18 837 元，农村居民人均可支配收入 7 067 元。2019 年末全县总人口达 21. 52 万人，其中城镇人口 4. 81 万人，乡村人口 16. 71 万人，全县城镇居民人均可支配收入达到 26 184 元，农村居民人均可支配收入 10 025 元。

第四章　武强县绿色种养循环技术应用成效

第一节　绿色种养循环技术

一、绿色种养循环的概念

绿色种养循环是指通过促进绿色种养、循环农业发展，以推进粪肥就地就近还田利用为重点，以培育粪肥还田服务组织为抓手，实现资源最大化利用。绿色种养循环是农作物种植与畜牧养殖的有机结合，农作物产生的秸秆可作为禽畜养殖的饲料，养殖所产生的粪便可作为农作物生长的肥料，打造新型的、绿色环保的种植模式，实现资源优化和节约。种养结合循环技术模式的应用，能够对养殖产生的各种废弃物展开资源化利用，粪肥还田肥料化能够有效降低化肥的使用量，保证农作物产量与品质，通过优化种植业与养殖业的产业布局，能够消纳粪污，降低农业生产可能对生态环境造成的不利影响，创造较高的经济效益与生态效益。

二、绿色种养循环成效

武强县 2021 年绿色种养循环项目总实施面积 0.67 万 hm^2，实施主体 2 个，其中赛元河北生物技术有限公司完成粪肥还田示范，面积 0.62 万 hm^2；河北聚碳生物有限公司完成沼液还田示范，面积 0.05 万 hm^2。项目收集处理畜禽粪污约 15 万 t，共撒施粪肥超过 2.8 万 t，施用沼液 56 000 m^3 以上。2022 年绿色种养循环项目总实施面积 0.67 万 hm^2，实施主体 1 个，还田模式为粪肥机械撒施还田。项目收集处理畜禽粪污约 9 万 t，撒施粪肥超过 3 万 t。通过项目建设，武强县畜禽粪污综合利用率由 2021 年初的 85.3% 上升到 90.35%，加快了武强县畜禽养殖废弃物的处理和资源化，解决了武强县的环境治理难题。

武强县粪肥还田与化肥减量增效技术的结合，减少了化肥施用量，粪肥还田的地块亩均节约化肥约 2.5 kg，10 万亩可节肥 250 t；广大农户节约成本约 82 万元；冬小麦亩增产约 5 kg，玉米亩增产约 12.5 kg，农户亩增收约 83 元，10 万亩可增收 830 万元；沼液还田的地块亩均节约化肥 40 kg，0.7 万亩可节肥 280 t，整个项目区减少化肥使用约 512.55 t；冬小麦亩增产约 2.5 kg，玉米亩增产约 3.5 kg，农户亩增收约 16 元，0.7 万亩可增收 11.2 万元。两年来，共计节约化肥约 1 027 t，为广大农户节约成本约 205 万元，增收约 841.2 万元。明显增加了土壤有机质含量，提高了农产品质量，并增加了农户的收入。

种养循环项目集收集、处理、运输、撒施还田为一体，示范面积广，带动力度大，促进了县相关服务行业、服务体系的完善与发展。武强县范围内，规模化养殖场、中小养殖场、散户几乎都参与其中，或接受培训，或支持某一个环节，社会氛围热烈、良好。项目的实施大力推动了粮食安全、强化绿色引领、主攻质量效益的目标的完善。通过大面积集成推广畜禽粪污资源化利用，一举多得地完成了土壤改良培肥、化肥减量增效，提升了耕地质量，减少了不合理化肥投入，加快了农业绿色生产方式的形成，促进了耕地资源的永续利用及粪污资源化利用服务体系的发展。

第二节　绿色种养结合技术的应用效果

有机肥替代化肥已经成为当前农业生产中的热门话题。传统的化肥使用虽能提高作物产量，但也会对土壤和环境造成不可逆转的伤害。寻找一种更加环保、可持续的肥料替代方案已经成为当务之急。有机肥是一种很好的替代选择，不仅可以改善土壤质量，提高作物产量，还能够减少化肥对环境的污染。本节以武强县冬小麦、夏玉米种养循环技术为例，概述既保证耕地质量又能使作物提质增效的关键施肥技术应用及其效果。

一、冬小麦有机肥替代化肥技术

（一）试验处理及方法

选择武强县周窝镇李封庄村、东孙庄镇张法台村、街关镇拜口村 3 个地块开展试验，土壤养分状况和具体施肥量见表 4-1 和表 4-2。

表 4-1　各试验地 0～20 cm 土壤养分状况

地块	pH 值	容重/ （g/cm³）	有机质/ （g/kg）	全氮/ （g/kg）	有效磷/ （mg/kg）	速效钾/ （mg/kg）
李封庄村	8.07	1.57	20.80	1.48	15.99	143.45
拜口村	8.54	1.66	19.50	1.68	11.36	177.49
张法台村	8.25	1.54	15.67	1.24	8.47	108.70

表 4-2　各试验处理纯养分用量　　　　　　　单位：kg/hm²

代号	处理	化肥纯养分用量				总养分用量（有机+无机）		
		有机肥	N	P_2O_5	K_2O	N	P_2O_5	K_2O
CK	不施肥	0	0	0	0	0	0	0
T1	常规施肥	0	359	137	53	359	137	53
T2	优化施用化肥	0	225	120	90	225	120	90
T3	有机肥替代15%氮肥	3 068	191	101	64	225	120	90
T4	有机肥替代30%氮肥	6 136	158	82	37	225	120	90
T5	有机肥替代50%氮肥	10 227	113	56	2	225	120	90

（二）结果与分析

1. 小麦产量

由表 4-3 可知，李封庄村，小麦有效穗数 T4 较 T1 处理显著提高 12.69%，穗粒数 T3 较 T1 处理显著升高 6.45%，T4 处理穗粒数较其他处理显著增加 6.06%~25%，T2、T3、T5 处理的产量较 T1 处理分别增加 11.92%、12.27%、6.86%，T1 处理产量较 T4 显著下降 19.15%。拜口村，T2~T5 处理的小麦有效穗数较 T1 增加 1.2%~11.12%，且 T4 处理有效穗数较 T1 显著增加 11.1%，除 T3 处理外，其他处理有效穗数、千粒重较 T4 显著下降 5.71%~15.63%、6.25%~8.51%，T1~T5 处理产量较 CK 处理显著增加 26.53%~46.43%。张法台村，小麦有效穗数 T4 较 T1 处理显著上升 30.69%，穗粒数 T3、T4 较 T1 处理分别显著提高 6.25%、12.50%，千粒重 T3、T4 处理较 CK 分别显著增加 8.39%、8.62%，产量 T4 较 T1、T5 处理分别显著增加 42.45%、20.41%。

表 4-3　不同处理小麦产量及其性状

地块	处理	有效穗数/（万/hm²）	穗粒数/个	千粒重/g	产量/（kg/hm²）
李封庄村	CK	507.3b	28d	39.9a	4 864.3c
	T1	516.7b	31c	40.9a	5 471.9bc
	T2	537.5ab	32bc	43.1a	6 123.9ab
	T3	547.9ab	33b	41.2a	6 143.2ab
	T4	582.3a	35a	43.5a	6 525.1a
	T5	543.8ab	32bc	40.1a	5 847.1ab

（续表）

地块	处理	有效穗数/（万/hm²）	穗粒数/个	千粒重/g	产量/（kg/hm²）
拜口村	CK	556.3c	32d	42.3b	4 802.8b
	T1	608.3bc	34c	42.9b	6 076.9a
	T2	655.2ab	35bc	43.2b	6 420.3a
	T3	615.6ab	36ab	44.2ab	6 393.9a
	T4	676.0a	37a	45.9a	7 032.6a
	T5	633.3ab	35bc	43.0b	6 111.3a
张法台村	CK	388.5b	30c	42.9b	3 831.7c
	T1	407.3b	32c	44.5ab	4 543.1b
	T2	433.3ab	33bc	44.8ab	5 943.5ab
	T3	472.9ab	34b	46.5a	5 899.5ab
	T4	532.3a	36a	46.6a	6 471.9a
	T5	471.9ab	32c	44.7ab	5 374.5b

注：表中同列数据后不同字母表示处理间存在 0.05 水平的显著差异。CK，不施肥；处理 1，常规施肥；处理 2，优化施用化肥；处理 3，有机肥替代 15%氮肥；处理 4，有机肥替代 30%氮肥；处理 5，有机肥替代 50%氮肥，下同。

3 块试验地中小麦有效穗数、穗粒数、产量差异较大，千粒重差异较小，整体呈现 T4 处理的产量较高，其次为 T3 处理，均高于 T1、T2、T5 处理，表明单施氮肥和有机肥替代氮肥过高不利于作物产量的提升。说明化肥与有机肥配施可提高冬小麦穗数、千粒重，进而提高产量，且当有机氮替代化肥氮 15%～30%时效果较好。

2. 小麦干物质动态积累

小麦各时期干物质积累如图 4-1 所示，随着小麦生育期的推进，3 个地块各处理干物质积累呈增长趋势。李封庄村，返青期 T1、T4 处理的干物质积累量较高，较 T5 处理分别显著提高 9.73%、9.57%。挑旗期 T1～T5 处理的干物质积累量较 CK 处理显著提高 9.18%～17.75%。挑旗期到灌浆期干物质积累量提升较快，T2～T4 较 T1 和 T5 处理分别显著提升 13.80%～22.06%、8.25%～16.10%；成熟期 T4 处理的干物质积累量最高，为 18 753 kg/hm²，且较其他处理显著提高 15.83%～40.18%；T3 处理较 T1 处理显著提高 11.60%。

拜口村，小麦返青期除 T2 处理外，T4 较其他处理的干物质积累量显著升高 12.93%～25.82%。挑旗期 T4 处理的干物质积累量较其他处理显著提高 9.24%～42.17%；T2、T3 和 T5 处理的干物质积累量较 T1 处理显著提高 14.61%～19.38%。灌

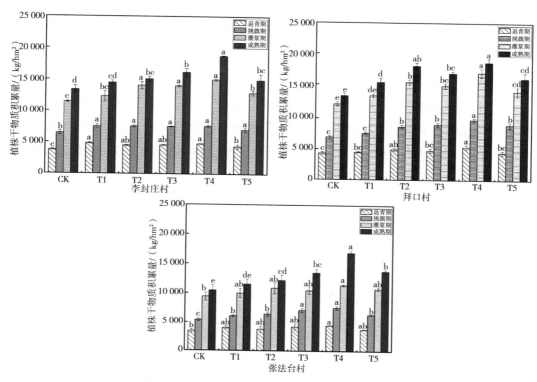

图 4-1 小麦各时期植株干物质积累量动态变化

注：图柱上不同字母表示同一时期处理间差异达 0.05 显著水平，下同。

浆期，其他处理的干物质积累量较 T4 处理显著下降 10.09%～37.90%。T2 处理的干物质积累量较 T1 和 T5 处理分别显著提高 17.11% 和 10.61%。成熟期 T4 处理的干物质积累量较其他处理显著增加。

张法台村，小麦挑旗期 T3、T4 处理的干物质积累量较其他处理分别显著提升 10.45%～31.17% 和 17.44%～39.42%。灌浆期 T4 处理干物质积累量较 CK 显著提高 21.95%。成熟期干物质积累量 T4 较其他处理显著提升 22.11%～61.77%。3 个地块均表明施用有机肥处理植株干物质积累量明显增多，其中有机肥替代 30% 氮肥对小麦干物质积累量增加效果明显。

3. 小麦养分利用

（1）氮素利用。小麦各时期植株全氮积累量如图 4-2 所示。随着小麦生育期的推进，小麦地上部植株氮素积累量呈逐渐增加趋势，成熟期达最高。3 个地块成熟期氮素积累量分别为 194.11～254.21 kg/hm²、153.88～273.87 kg/hm² 和 215.34～286.05 kg/hm²。李封庄村，返青期 T1～T5 处理的氮素积累量较 CK 处理显著提高 37.23%～45.92%。挑旗期，T2、T4 处理的氮素积累量较其他处理分别显著提高

10.16%～66.48%、12.82%～70.48%；灌浆期 T4 处理的氮素积累量较其他处理显著提高 4.18%～63.34%，T2、T3 处理的氮素积累量较 T1 处理分别显著提高 4.77%、2.60%；成熟期表现为 T4＞T2＞T3＞T5＞T1＞CK，且 T4 处理的氮素积累量较其他处理显著提高 12.54%～30.96%。

拜口村，返青期 T3、T4 处理的氮素积累量较 T5 处理分别显著提升 18.58%、17.61%；挑旗期 T4 处理的氮素积累量较其他处理显著提升 9.97%～24.35%；T2、T3、T5 处理的氮素积累量较 T1 处理分别显著提升 12.19%、13.18%、9.30%。灌浆期 T2～T4 处理的氮素积累量较 T5 处理显著提升 23.55%～31.59%；T1 处理的氮素积累量较 T5 处理显著提升 11.92%。成熟期 T4 处理的氮素积累量较其他处理显著提升 15.92%～32.83%。

张法台村，返青期 T1、T3、T4 处理的氮素积累量较 T5 处理显著提升 22.57%～26.71%。挑旗期 T4 处理的氮素积累量较 T1、T5 处理显著提升 11.43%、13.65%；灌浆期 T4 处理的氮素积累量较 T5 处理显著提升 14.20%。成熟期 T4 处理的氮素积累量较其他处理显著提升 19.80%～77.97%；T3 处理的氮素积累量较其他处理（T4 除外）显著提升 15.95%～48.58%。

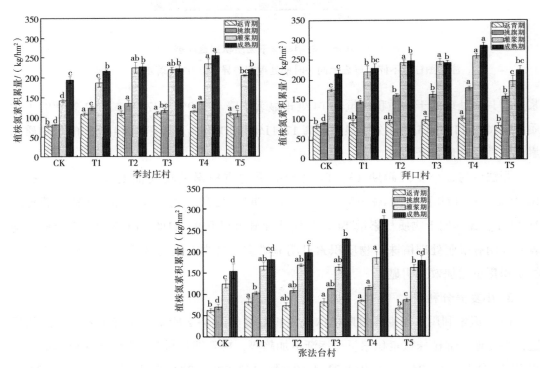

图 4-2　小麦各时期植株氮素积累量动态变化

（2）磷素利用。由图 4-3 可知，3 个地块成熟期磷素积累量最高，分别为 28.48～37.75 kg/hm²、24.86～31.67 kg/hm² 和 29.40～39.96 kg/hm²。李封庄村，挑旗期 T2～T4 处理的磷素积累量较 T1、T5 处理分别显著提高 29.58%～30.41%、16.27%～17.01%；灌浆期 T4 处理的磷素积累量较其他处理显著提高 13.31%～45.82%，T2、T3 处理的磷素积累量较 CK、T1、T5 处理分别显著提高 10.06%～23.29%、14.89%～28.69%；成熟期的磷素积累量表现为 T4＞T3＞T2＞T5＞T1＞CK，且 T4 处理较其他处理显著提高 5.03%～32.54%；除 T4 外，T3 处理的磷素积累量较其他处理显著提高 3.54%～26.19%。

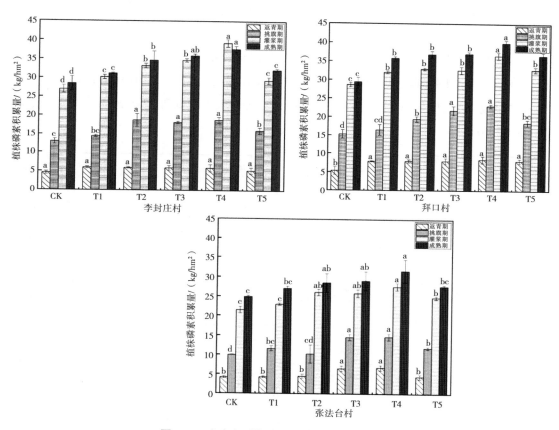

图 4-3　小麦各时期植株磷素积累量动态变化

拜口村，挑旗期 T3、T4 处理的磷素积累量较其他处理分别显著提高 12.08%～42.60%、18.76%～51.04%；T2 处理的磷素积累量较 T1 处理显著提高 17.89%；灌浆期 T4 处理的磷素积累量较高，较其他处理显著提高 11.03%～27.62%；成熟期磷素积累量表现为 T4＞T3＞T2＞T5＞T1＞CK，T4 处理的磷素积累量较其他处理显著提升 10.79%～35.91%。

张法台村，返青期 T3、T4 处理较其他处理的磷素积累量分别显著提高 45.75%～57.72%、50.00%～62.31%；挑旗期 T3、T4 处理较其他处理的磷素积累量分别显著提高 22.91%～46.33%、23.75%～47.34%，T5 处理较 T2 处理的磷素积累量显著提高 19.05%。灌浆期 T4 处理较 T1、T5 处理的磷素积累量显著提高 20.43%、11.36%；T5 处理较 T1 处理的磷素积累量显著提高 8.10%；成熟期全磷积累量表现为 T4＞T3＞T2＞T5＞T1＞CK，其中 T4 较其他处理显著提高 8.79%～27.39%。

（3）钾素利用。小麦不同生育时期全钾积累量如图 4-4 所示。李封庄村，返青期 T1～T5 处理的钾素积累量较 CK 处理显著提高 29.80%～42.20%。挑旗期 T3、T4 处理钾素积累量较 CK 显著提升 43.11%、67.69%；灌浆期 T4 处理钾素积累量较其他处理显著提高 9.18%～72.80%；T2、T3 处理较 T1、T5 处理钾素积累量分别显著提高 10.45%、19.19% 和 11.14%、19.93%。成熟期钾素积累量表现为 T4＞T3＞T2＞T5＞T1＞CK，其中 T4 处理较其他处理钾素积累量显著提高 10.25%～30.08%；T3 处理较 T1 处理钾素积累量显著提升 8.10%；T2、T5 处理较 CK 处理钾素积累量显著提高 14.93%、10.44%。

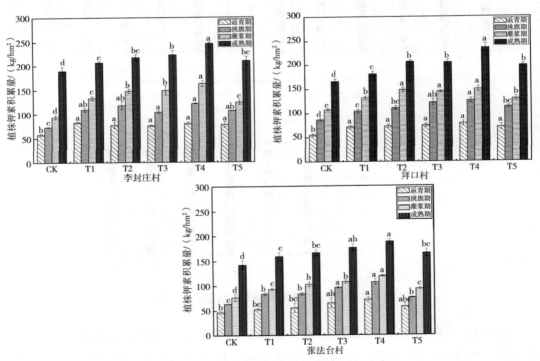

图 4-4　小麦各时期植株钾素积累量动态变化

拜口村，挑旗期 T4 处理较其他处理钾素积累量提高 2.93%～45.86%；T3 较 T1 处理钾素积累量显著提高 16.74%；T2、T5 较 T1 处理钾素积累量分别提高 6.60%、

8.04%。灌浆期 T2、T3 和 T4 处理分别较 T1、T5 处理钾素积累量显著提高 9.33%～33.91%、12.99%～38.39%。成熟期表现为 T4＞T2＞T3＞T5＞T1＞CK，其中，T4 处理钾素积累量较其他处理显著提高 13.79%～41.89%；T2、T3、T5 处理较 T1 处理钾素积累量分别显著提高 14.52%、13.66%、9.90%。

张法台村，返青期 T4 处理全钾积累量较 T1、T2 处理显著提高 10.02%、7.82%。挑旗期 T3、T4 处理钾素积累量较其他处理分别显著提高 15.02%～51.12%、27.72%～67.81%。灌浆期 T4 处理钾素积累量较其他处理显著提高 10.83%～55.40%；T2、T3 处理钾素积累量较 T1、T5 处理显著提高 10.35%、10.18% 和 15.64%、15.46%。成熟期 T4 处理钾素积累量较其他处理显著提高 6.70%～31.48%；T3 处理较 T1 处理显著提高 10.58%。

4. 土壤养分动态变化

由表 4-4 至表 4-6 可知，3 个地块表层的土壤全氮、有效磷、速效磷和有机质均较 20～40 cm 土层低，pH 值有所增加。3 个地块有机肥替代 30% 化肥（T4 处理），表层土壤有机质分别增加 6.46%～15.16%、2.91%～12.17%、0.34%～22.87%，全氮分别提高 13.55%～43.96%、18.55%～39.24%、3.16%～12.12%，有效磷分别提高 10.74%～38.04%、36.69%～64.99%、20.14%～70.05%，速效钾分别提高 3.53%～10.06%、3.61%～27.91%、7.36%～28.61%，整体降低了土壤 pH 值，促进作物对 N、P、K 的吸收，降低淋溶，减少损失，提高土壤养分含量。

表 4-4　李封庄村土壤养分变化

处理	土层/cm	pH 值	全氮/（g/kg）	有效磷/（mg/kg）	速效钾/（mg/kg）	有机质/（g/kg）
CK	0～20	8.40	1.02	3.67	142.00	15.21
	20～40	8.41	1.16	3.13	123.14	12.03
T1	0～20	8.37	1.34	5.49	150.12	16.90
	20～40	8.40	1.31	2.81	128.02	10.81
T2	0～20	8.33	1.23	11.07	169.69	19.07
	20～40	8.34	0.84	5.38	132.24	12.05
T3	0～20	8.30	1.57	5.92	151.31	19.66
	20～40	8.33	1.11	3.35	124.87	17.01
T4	0～20	8.28	1.82	12.24	198.89	19.72
	20～40	8.32	0.96	5.38	156.63	15.40

（续表）

处理	土层/cm	pH 值	全氮/ （g/kg）	有效磷/ （mg/kg）	速效钾/ （mg/kg）	有机质/ （g/kg）
T5	0～20	8.28	1.03	9.78	184.26	19.17
	20～40	8.33	0.39	7.10	145.25	14.63

表 4-5　拜口村土壤养分变化

处理	土层/cm	pH 值	全氮/ （g/kg）	有效磷/ （mg/kg）	速效钾/ （mg/kg）	有机质/ （g/kg）
CK	0～20	8.51	0.71	2.91	117.13	15.10
	20～40	8.59	0.68	2.68	112.83	9.28
T1	0～20	8.62	0.77	6.88	126.39	15.68
	20～40	8.71	0.70	3.73	119.24	11.11
T2	0～20	8.73	0.95	7.54	120.84	15.63
	20～40	8.67	0.77	6.68	116.63	10.41
T3	0～20	8.56	0.83	7.61	145.25	16.69
	20～40	8.60	0.27	7.45	124.77	11.02
T4	0～20	8.47	1.17	8.31	162.48	17.19
	20～40	8.53	0.86	2.59	127.37	10.41
T5	0～20	8.44	0.88	5.26	156.63	16.55
	20～40	8.47	0.82	2.55	138.75	12.11

表 4-6　张法台村土壤养分变化

处理	土层/cm	pH 值	全氮/ （g/kg）	有效磷/ （mg/kg）	速效钾/ （mg/kg）	有机质/ （g/kg）
CK	0～20	8.40	0.85	11.45	115.34	15.92
	20～40	8.41	0.71	9.60	110.78	13.49
T1	0～20	8.37	0.92	14.47	121.86	16.05
	20～40	8.40	0.94	10.67	120.23	10.76
T2	0～20	8.33	0.85	16.57	115.93	17.42
	20～40	8.34	0.84	12.61	111.95	15.13
T3	0～20	8.30	0.93	15.67	127.40	17.55
	20～40	8.33	0.92	11.36	122.13	14.42

（续表）

处理	土层/cm	pH 值	全氮/（g/kg）	有效磷/（mg/kg）	速效钾/（mg/kg）	有机质/（g/kg）
T4	0～20	8.28	0.97	18.49	128.24	18.76
	20～40	8.32	0.77	10.63	119.24	11.69
T5	0～20	8.28	1.10	16.50	123.71	16.20
	20～40	8.33	1.04	10.81	111.79	13.76

5. 土壤微生物多样性

小麦挑旗期，采集土壤样品进行土壤细菌多样性测定。由于施肥特性，试验重点对李封庄村和张法台村的 T2、T3、T4、T5 处理进行比较。由图 4-5 可知，李封庄村中 T2、T3、T4、T5 处理中特有的 OTU 数（运算分类单元）为 616、419、457、623，张法台村中 T2、T3、T4、T5 处理中特有的 OTU 数为 642、504、521、567。李封庄村 T5 处理 OTU 数量最高，较其他处理提高 0.15%～8.72%；张法台村 T2 处理 OTU 数量最高，较其他处理提高 2.81%～6.60%，两个地块不同处理间的 OTU 数量均未出现显著差异，表明以上 4 种施肥方式都未对土壤微生物的原始种群造成影响。

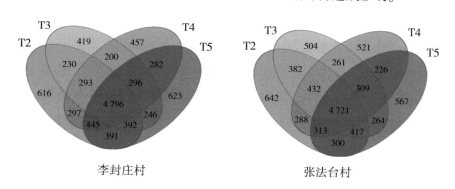

图 4-5　有机肥替代不同比例氮肥对土壤细菌 OTU 分布的维恩图

由表 4-7 可知，T2～T4 处理的 Alpha 多样性分析覆盖率均高于 98%，说明该结果能够反映出各指标的真实情况。施用有机肥替代不同比例氮肥处理在 3 个指数上均有不同程度的提升，李封庄村 Chao1 指数和 Simpson 指数均以 T4 处理最高，较其他处理分别增加 8.01%～10.14%、8.33%～14.71%。张法台村 Chao1 指数中 T2、T3 处理较 T4、T5 处理分别显著提升 7.29%～7.44%、6.52%～6.67%；Simpson 指数 T4 处理最高，较 T2、T3 处理增加 14.29%、25.00%。表明适当比例的有机肥替代氮肥能提升土壤细菌丰富度（T3 处理）和细菌多样性（T4 处理）。

表 4-7   有机肥替代不同比例氮肥对土壤细菌 Alpha 多样性的影响

地块	处理	Chao1 指数	Simpson 指数	覆盖率/%
李封庄村	T2	5 341a	0.003 6a	98.27
	T3	5 238a	0.003 4a	98.40
	T4	5 769a	0.003 9a	98.27
	T5	5 295a	0.003 9a	98.24
张法台村	T2	6 163a	0.003 5b	99.08
	T3	6 119a	0.003 2c	99.10
	T4	5 744b	0.004 0a	99.18
	T5	5 736b	0.003 5a	99.20

6. 土壤微生物 Beta 多样性

由图 4-6 可知，Beta 多样性表征生境间微生物群落组成多样性。通过主成分分析对原始数据降维投影后，以空间坐标中样本点的距离分析群里结构的相似与差异。结果表明，李封庄村较张法台村聚集性较好，其中李封庄村 T3、T4 处理重复聚集性较好，T2、T5 处理聚集性差，较为离散，有机肥替代 T3、T4、T5 处理与 T2 处理的群落组成存在差异性，且 T3、T4 处理较 T5 处理的物种多样性较好，表明物种间存在一定差异性。张法台村 T3、T4 处理较 T2 处理有明显差异，较 T5 处理没有差异性，说明有机肥的施用会导致土壤中微生物群落发生改变且有机肥的处理能够提高细菌微生物的多样性。李封庄村施用有机肥替代氮肥处理细菌群落多样性坐标中的第一、第二主成分累积解释率分别为 17.64% 和 10.42%；张法台村施用处理间 Beta 群落多样性第一、第二主成分累计解释率分别为 26.06% 和 15.29%。

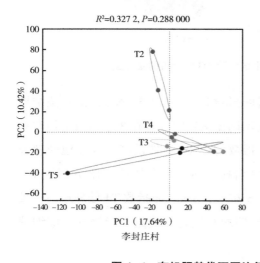
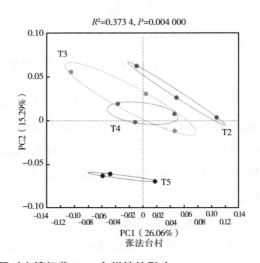

图 4-6   有机肥替代不同比例氮肥对土壤细菌 Beta 多样性的影响

由此，在周窝镇李封庄村、东孙庄镇张法台村、街关镇拜口村 3 个地块均表现为，有机肥替代 30%氮肥能够有效促进小麦养分吸收利用，提高小麦产量，改善土壤性状。

二、夏玉米有机肥替代化肥技术

（一）试验处理及方法

武强县选择东孙庄镇陈庄村、庄火头村、任庄村 3 个地块开展试验，土壤养分状况和具体施肥量见表 4-8 和表 4-9。经检测，有机肥纯 N、P_2O_5、K_2O 含量分别为 1.1%、0.62%、0.86%，每公顷投入 1 500 kg，折合纯 N、P_2O_5、K_2O 含量分别为 16.5 kg/hm^2、9.3 kg/hm^2、12.9 kg/hm^2。

表 4-8　各试验地 0~20 cm 土壤养分状况

地块	pH 值	容重/ （g/cm^3）	有机质/ （g/kg）	全氮/ （g/kg）	有效磷/ （mg/kg）	速效钾/ （mg/kg）	缓效钾/ （mg/kg）
陈庄村	8.44	1.43	16.60	1.249	18.16	139	1 146
庄火头村	8.15	1.33	23.08	1.038	8.36	73	934
任庄村	8.37	1.59	16.43	1.001	9.76	67	859

表 4-9　各试验处理纯养分用量　　　　　　　　　　单位：kg/hm^2

地块	处理	代号	化肥纯养分用量				总养分用量（有机+无机）		
			有机肥	N	P_2O_5	K_2O	N	P_2O_5	K_2O
陈庄村	空白对照	CK	0	0	0	0	0	0	0
	常规施肥	T1	0	240	120	60	240	120	60
	化肥优化施肥	T2	0	210	75	105	210	75	105
	有机肥替代 15%氮	T3	1 500	178.5	65.7	92.1	210	75	105
	有机肥替代 30%氮	T4	1 500	147	65.7	92.1	210	75	105
	有机肥替代 15%优化氮肥	T5	1 500	178.5	75	105	210	75	105
	有机肥替代 30%优化氮肥	T6	1 500	147	75	105	210	75	105
庄火头村	空白对照	CK	0	0	0	0	0	0	0
	常规施肥	T1	0	240	120	60	240	120	60
	化肥优化施肥	T2	0	210	75	105	210	75	105
	有机肥替代 15%氮	T3	1 500	178.5	65.7	92.1	210	75	105
	有机肥替代 30%氮	T4	1 500	147	65.7	92.1	210	75	105
	有机替代 20%优化磷肥	T5	1 500	210	60	105	210	75	105
	有机替代 40%优化磷肥	T6	1 500	210	45	105	210	75	105

（续表）

地块	处理	代号	化肥纯养分用量				总养分用量（有机+无机）		
			有机肥	N	P_2O_5	K_2O	N	P_2O_5	K_2O
任庄村	空白对照	CK	0	0	0	0	0	0	0
	常规施肥	T1	0	240	120	60	240	120	60
	化肥优化施肥	T2	0	210	75	105	210	75	105
	有机肥替代15%氮	T3	1 500	178.5	65.7	92.1	210	75	105
	有机肥替代30%氮	T4	1 500	147	65.7	92.1	210	75	105
	有机替代20%优化钾肥	T5	1 500	210	75	84	210	75	105
	有机替代40%优化钾肥	T6	1 500	210	75	63	210	75	105

（二）结果与分析

1. 玉米产量

通过表4-10可以看出，陈庄村 T3 处理的产量最高，T5 其次，T2～T6 处理较 T1 常规施肥处理增产 554.53～1 012.70 kg/hm²，T3～T6 处理较 T2 优化施肥增产 126.54～458.17 kg/hm²。各处理的标准偏差为 324.44～1 264.17 kg/hm²，变异系数为 6.89%～13.77%。庄火头村 T4 处理的产量最高，T3 处理其次，T2～T6 处理较 T1 常规施肥处理增加 248.68～615.00 kg/hm²，T3～T5 处理较 T2 优化施肥增加 131.97～265.50 kg/hm²。各处理的标准偏差为 974.69～1 721.46 kg/hm²，变异系数为 8.70%～15.56%。任庄村 T4 处理的产量最高，T5 处理其次，T2～T6 处理较 T1 常规施肥处理增加 309.17～1 215.22 kg/hm²，T3～T6 处理较 T2 优化施肥增加 328.26～906.05 kg/hm²。各处理的标准偏差为 358.49～2 167.95 kg/hm²，变异系数为 3.20%～20.48%。

表4-10 不同处理对玉米产量的影响　　　　单位：kg/hm²

地块	处理	籽粒产量	标准偏差	较常规施肥增加	较优化施肥增加
陈庄村	CK	7 896.06b	543.67	−1 282.29	−1 836.82
	T1	9 178.35ab	1 264.17	—	−554.53
	T2	9 732.88a	691.47	554.53	—
	T3	10 191.05a	324.44	1 012.70	458.17
	T4	9 859.42a	1 162.91	681.07	126.54
	T5	10 051.67a	979.64	873.33	318.80
	T6	9 907.00a	1 117.91	728.65	174.13

（续表）

地块	处理	籽粒产量	标准偏差	较常规施肥增加	较优化施肥增加
庄火头村	CK	8 507.82a	1 044.43	−2 076.34	−2 425.83
	T1	10 584.16a	1 364.44	—	−349.50
	T2	10 933.66a	1 536.95	349.50	—
	T3	11 176.15a	1 366.85	591.99	242.49
	T4	11 199.16a	974.69	615.00	265.50
	T5	11 065.63a	1 721.46	481.47	131.97
	T6	10 832.84a	1 512.15	248.68	（100.82）
任庄村	CK	8 109.25b	1 661.04	−1 869.81	−2 178.98
	T1	9 979.06ab	1 033.35	—	−309.17
	T2	10 288.23ab	989.03	309.17	—
	T3	10 644.49ab	2 167.95	665.43	356.26
	T4	11 194.28a	358.49	1 215.22	906.05
	T5	11 129.39a	1 088.68	1 150.33	841.16
	T6	10 616.48ab	1 423.25	637.43	328.26

2. 经济效益

不同试验处理玉米经济效益如表 4-11 所示。就净收益而言，陈庄村 T2 处理最高，较 CK 和 T1 处理、T3～T6 处理相比分别提高 1 567.65～4 082.70元/hm²、2 555.70～3 443.55元/hm²。庄火头村 T2 处理最高，较 CK 和 T1、T3～T6 处理相比分别提高 952.49～5 849.50 元/hm²、3 026.45～4 385.46元/hm²。任庄村 T2 处理最高，较 CK 和 T1、T3～T6 处理相比分别提高 831.51～5 108.94元/hm²、1 104.81～2 896.63元/hm²。优化施肥处理明显提高玉米产值，生物有机肥部分替代化肥的施入提高了肥料成本的同时也带来了较高的产值。综上，以优化施肥处理经济效益最佳。

表 4-11　不同处理对玉米经济效益的影响　　　　　　　　单位：元/hm²

地块	处理	肥料成本	田间管理成本	产值	净收益
陈庄村	CK	0.00	6 525	23 688.00	17 163.00
	T1	1 332.00	6 525	27 535.05	19 678.05
	T2	1 428.00	6 525	29 198.70	21 245.70
	T3	5 358.00	6 525	30 573.00	18 690.00
	T4	5 250.90	6 525	29 578.05	17 802.15
	T5	5 445.90	6 525	30 154.95	18 184.05
	T6	5 338.80	6 525	29 721.15	17 857.35

（续表）

地块	处理	肥料成本	田间管理成本	产值	净收益
庄火头村	CK	0.00	6 525	25 523.47	18 998.47
	T1	1 332.00	6 525	31 752.48	23 895.48
	T2	1 428.00	6 525	32 800.97	24 847.97
	T3	5 358.06	6 525	33 528.45	21 645.39
	T4	5 250.96	6 525	33 597.48	21 821.52
	T5	5 532.00	6 525	33 196.88	21 139.88
	T6	5 511.00	6 525	32 498.51	20 462.51
任庄村	CK	0.00	6 525	24 327.74	17 802.74
	T1	1 332.00	6 525	29 937.17	22 080.17
	T2	1 428.00	6 525	30 864.68	22 911.68
	T3	5 358.06	6 525	31 933.46	20 050.40
	T4	5 250.96	6 525	33 582.83	21 806.87
	T5	5 431.20	6 525	33 388.16	21 431.96
	T6	5 309.40	6 525	31 849.45	20 015.05

3. 玉米全氮含量

试验地玉米全氮含量如表4-12所示，陈庄村成熟期T5处理全氮含量最高。各处理的标准偏差分布在0.37～1.14 g/kg，变异系数为2.45%～7.39%。庄火头村成熟期T5处理全氮含量最高。任庄村成熟期T5处理全氮含量最高。

表4-12 不同处理对玉米全氮含量的影响　　　　　　单位：g/kg

地块	处理	全氮含量	标准偏差	较常规施肥增加	较优化施肥增加
陈庄村	CK	15.06a	0.82	−0.13	−0.44
	T1	15.19a	0.37	—	−0.31
	T2	15.50a	0.95	0.31	—
	T3	15.52a	0.73	0.33	0.02
	T4	15.58a	1.01	0.39	0.08
	T5	15.60a	0.93	0.41	0.10
	T6	15.44a	1.14	0.25	−0.06

（续表）

地块	处理	全氮含量	标准偏差	较常规施肥增加	较优化施肥增加
庄火头村	CK	13.98a	0.84	−0.25	−0.32
	T1	14.23a	0.62	—	−0.07
	T2	14.29a	1.10	0.07	—
	T3	14.37a	1.07	0.15	0.08
	T4	14.17a	0.70	−0.05	−0.12
	T5	14.42a	0.72	0.20	0.13
	T6	14.23a	0.94	0.01	−0.06
任庄村	CK	14.70a	0.17	−0.15	−0.38
	T1	14.85a	0.56	—	−0.23
	T2	15.08a	0.18	0.23	—
	T3	15.01a	0.76	0.16	−0.07
	T4	15.07a	0.20	0.22	−0.02
	T5	15.14a	0.79	0.29	0.05
	T6	15.03a	0.92	0.18	−0.06

4. 玉米籽粒品质

由表4-13可以看出，陈庄村有机肥替代15%优化氮肥处理的粗蛋白含量最高，较常规施氮肥处理的粗蛋白增加了2.74%，空白处理较常规施肥降低0.84%。庄火头村有机肥替代20%磷肥较常规施肥粗蛋白增加了1.35%，空白处理较常规施肥降低了1.69%。任庄村有机肥替代20%钾肥较常规施肥粗蛋白增加了1.94%，空白处理较常规施肥降低0.97%。

表4-13　不同处理对玉米粗蛋白的影响　　　　单位：%

村名	处理	粗蛋白	标准偏差	较常规施肥增加	较优化施肥增加
陈庄村	CK	9.41a	0.51	−0.08	−0.28
	T1	9.49a	0.23	—	−0.19
	T2	9.69a	0.60	0.19	—
	T3	9.70a	0.46	0.21	0.01
	T4	9.74a	0.63	0.24	0.05
	T5	9.75a	0.58	0.26	0.06
	T6	9.65a	0.71	0.16	−0.04

（续表）

村名	处理	粗蛋白	标准偏差	较常规施肥增加	较优化施肥增加
庄火头村	CK	8.74a	0.52	−0.15	−0.20
	T1	8.89a	0.39	—	−0.04
	T2	8.93a	0.68	0.04	—
	T3	8.98a	0.67	0.09	0.05
	T4	8.86a	0.44	−0.03	−0.08
	T5	9.01a	0.45	0.12	0.08
	T6	8.90a	0.59	0.01	−0.04
任庄村	CK	9.19a	0.52	−0.09	−0.24
	T1	9.28a	0.39	—	−0.15
	T2	9.43a	0.45	0.15	—
	T3	9.38a	0.39	0.10	−0.04
	T4	9.42a	0.44	0.14	−0.01
	T5	9.46a	0.69	0.18	0.03
	T6	9.39a	0.36	0.11	−0.04

5. 土壤理化性状

陈庄村土壤理化性状如表 4-14 和 4-15 所示，与 T1 常规施肥相比，对于 pH 值，T3、T4、T5 处理分别增加了 0.06、0.02、0.05；对于有机质，T3、T4、T6 处理分别增加了 0.96 g/kg、0.69 g/kg、2.33 g/kg；对于全磷，T4 处理增加了 0.01 g/kg；对于全钾，T3、T6 处理分别增加了 0.03 g/kg、0.02 g/kg；对于土壤阳离子交换量，T3、T4、T5 处理分别增加了 0.63 cmol/kg、0.33 cmol/kg、0.50 cmol/kg。

与 T2 优化施肥相比，对于 pH 值，T3、T6 处理分别增加了 0.03、0.02；对于有机质，T3、T4、T5、T6 处理分别增加了 1.55 g/kg、1.28 g/kg、0.32 g/kg、2.92 g/kg；对于全磷，T3、T4、T5 处理分别增加了 0.02 g/kg、0.03 g/kg、0.01 g/kg；对于碱解氮，T3、T4 处理分别增加了 5.33 mg/kg、4 mg/kg；对于土壤阳离子交换量，T3、T5 处理分别增加了 0.30 cmol/kg、0.17 cmol/kg。

庄火头村土壤理化性状如表 4-14 和 4-15 所示，与常规施肥 T1 相比，对于容重，T6 处理增加了 0.02 g/cm³；对于 pH 值，T3 处理增加了 0.02；对于有机质，T3、T4、T5、T6 处理分别增加了 2.40 g/kg、4.06 g/kg、2.24 g/kg、2.94 g/kg；对于全氮，T4、T5、T6 处理分别增加了 0.28 g/kg、0.11 g/kg、0.20 g/kg；对于碱解氮，T3、T4、T6 处理分别增加了 2 mg/kg、7.67 mg/kg、3.34 mg/kg。

与优化施肥 T2 相比，对于容重，T6 处理增加了 0.02 g/cm³；对于 pH 值，T3～T6 处理分别增加了 0.05、0.02、0.02、0.05；对于有机质，T3～T6 处理分别增加了 0.51 g/kg、2.17 g/kg、0.35 g/kg、1.05 g/kg；对于全氮，T4～T6 处理分别增加了 0.3 g/kg、0.13 g/kg、0.22 g/kg；对于全磷，T5、T6 处理分别增加了 0.01 g/kg、0.01 g/kg；对于全钾，T6 处理增加了 0.04 g/kg；对于碱解氮，T4 处理增加了 1.33 mg/kg；对于土壤阳离子交换量，T3、T4 处理分别增加了 0.03 cmol/kg、0.53 cmol/kg。

表 4-14　不同处理对土壤有机质和全量化学养分的影响　　　　单位：g/kg

村名	处理	有机质	全氮	全磷	全钾
陈庄村	CK	18.96a	1.65a	0.14a	1.95c
	T1	20.60a	2.20a	0.14a	2.00bc
	T2	20.01a	2.32a	0.12a	2.10a
	T3	21.56a	1.97a	0.14a	2.03b
	T4	21.29a	1.96a	0.15a	1.95c
	T5	20.33a	1.95a	0.13a	1.99bc
	T6	22.93a	1.88a	0.14a	2.02b
庄火头村	CK	19.97a	1.43a	0.13a	2.00ab
	T1	19.11a	1.55a	0.13a	2.05a
	T2	21.00a	1.53a	0.12a	2.00ab
	T3	21.51a	1.50a	0.12a	1.97b
	T4	23.17a	1.83a	0.12a	1.99ab
	T5	21.35a	1.66a	0.13a	2.00ab
	T6	22.05a	1.75a	0.13a	2.04a
任庄村	CK	16.27b	1.62a	0.72a	1.94a
	T1	15.46b	1.57a	0.70ab	1.95a
	T2	20.81ab	2.01a	0.76a	1.94a
	T3	21.36ab	1.80a	0.71ab	1.92ab
	T4	23.11a	1.82a	0.76a	1.87b
	T5	23.22a	1.73a	0.64bc	1.90ab
	T6	23.42a	1.69a	0.61c	1.93a

任庄村土壤理化性状如表 4-14 和 4-15 所示，与 T1 常规施肥处理相比，对于 pH 值，T3 处理增加了 0.04；对于有机质，T3～T6 处理分别增加了 5.90 g/kg、7.65 g/kg、7.76 g/kg、7.96 g/kg；对于全氮，T3～T6 处理分别增加了 0.23 g/kg、0.25 g/kg、0.16 g/kg、0.12 g/kg；对于速效钾，T3～T6 处理分别增加了 83.46 mg/kg、83.62 mg/kg、80.15 mg/kg、78.46 mg/kg；对于全磷，T3、T4 处理分别增加了 0.01 g/kg、0.06 g/kg；

对于碱解氮，T3～T6 处理分别增加了 13.33 mg/kg、3.67 mg/kg、11 mg/kg、9 mg/kg；对于土壤阳离子交换量，T6 处理增加了 0.27 cmol/kg。

与 T2 优化施肥处理相比，对于容重，T3～T6 处理分别增加了 0.04 g/cm³、0.03 g/cm³、0.01 g/cm³、0.02 g/cm³；对于有机质，T3～T6 处理分别增加了 0.55 g/kg、2.3 g/kg、2.41 g/kg、2.61 g/kg；对于速效钾，T3～T6 处理分别增加了 11.62 mg/kg、11.78 mg/kg、8.31 mg/kg、6.62 mg/kg；对于碱解氮，T3、T5 处理分别增加了 3 mg/kg、0.67 mg/kg；对于土壤阳离子交换量，T3～T6 处理分别增加了 2.83 cmol/kg、2.50 cmol/kg、2.63 cmol/kg、3.20 cmol/kg。

表 4-15　不同处理对土壤理化性状的影响

村名	处理	容重/ （g/cm³）	pH 值	碱解氮/ （mg/kg）	有效磷/ （mg/kg）	速效钾/ （mg/kg）	阳离子交换量/ （cmol/kg）
陈庄村	CK	1.35a	8.38a	129.00a	12.25b	180.20c	14.37a
	T1	1.38a	8.30b	137.00a	13.04b	258.70a	13.17b
	T2	1.35a	8.33ab	128.67a	18.56a	246.73ab	13.50b
	T3	1.31a	8.36ab	134.00a	12.38b	187.95c	13.80ab
	T4	1.34a	8.30b	132.67a	11.79b	246.23ab	13.50b
	T5	1.32a	8.32ab	127.33a	11.38b	198.05c	13.67ab
	T6	1.33a	8.35ab	125.33a	11.59b	210.21bc	13.00b
庄火头村	CK	1.36a	8.30a	138.00a	12.69a	270.88a	13.50ab
	T1	1.35a	8.23a	142.33a	15.99a	289.32a	13.87a
	T2	1.35a	8.20a	148.67a	17.77a	277.08a	13.17ab
	T3	1.33a	8.25a	144.33a	14.57a	243.76a	13.20ab
	T4	1.29a	8.22a	150.00a	13.78a	265.54a	13.70a
	T5	1.30a	8.22a	140.67a	12.69a	272.75a	12.27b
	T6	1.37a	8.25a	145.67a	13.43a	233.37a	12.70ab
任庄村	CK	1.40a	8.23ab	135.33a	10.63b	193.40ab	13.47a
	T1	1.36a	8.23ab	138.00a	14.05a	164.74b	13.20a
	T2	1.32a	8.28a	148.33a	10.64b	236.58ab	10.27b
	T3	1.36a	8.27a	151.33a	9.97bc	248.20a	13.10a
	T4	1.35a	8.20ab	141.67a	6.99c	248.36a	12.77a
	T5	1.33a	8.17b	149.00a	10.61b	244.89ab	12.90a
	T6	1.34a	8.17b	147.00a	8.20bc	243.20ab	13.47a

6. 土壤细菌群落结构

玉米成熟期，采集土壤样品进行土壤细菌多样性测定。由于施肥特性，试验重点对陈庄村的 T2、T3、T4、T5 4 个处理进行比较。

（1）不同处理下土壤细菌群落 Alpha 多样性指数。对土壤样品中 16S rDNA 基因的

V3+V4 区进行测序，共获得细菌有效序列 776 677 条，这些序列在 97% 的相似性水平上被划分为 2 431～2 527 个 OTU，土壤细菌文库覆盖率 99%（表 4-16）。不同处理土壤细菌多样性 Chao1 和 ACE 指数反映出 T5 处理的物种丰度明显高于 T2～T4 处理，其中 T2 和 T5、T3 和 T4 的物种丰度差异不大。4 个处理间 Shannon 指数无明显差异。以上表明，有机无机肥配施替代 30% 氮肥明显提高了表层土壤的细菌群落多样性。

表 4-16 不同处理对土壤细菌群落 Alpha 多样性指数影响

处理	OTU 指数	ACE 指数	Chao1 指数	Shannon 指数	覆盖率/%
T2	2 490	2 501.57	2 491.15	10.05	99.94
T3	2 434	2 447.10	2 436.08	10.05	99.94
T4	2 431	2 440.24	2 431.70	10.05	99.94
T5	2 527	2 537.87	2 528.61	10.05	99.94

（2）不同处理下的土壤细菌群落高通量测序文库稀释曲线及韦恩图。图 4-7 表明，当测序量超过 40 000 条时，整个曲线趋于平缓，表明该测序文库已经达饱和。不同处理用不同灰度表示，不同颜色图形之间交叠部分数字为 2 个处理之间共有的特征个数（OTU 数目）。不同处理的共有细菌 OTU 数量为 801，与 T2 处理相比，T3、T4、T5 处理的特异性细菌 OTU 数量分别为 4 560、4 615、4 969，与 T3 处理相比，T2、T4、T5 处理的特异性细菌 OTU 数量分别为 4 760、4 568、4 973，说明与常规施肥和优化施肥相比，有机无机肥配施替代处理的特异性细菌 OTU 数量较多。

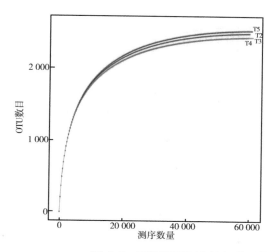
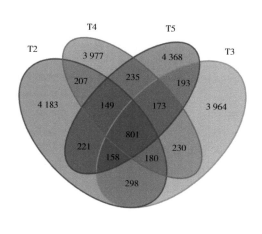

图 4-7 不同处理下土壤细菌群落高通量测序文库稀释曲线及韦恩图

（3）门和纲水平物种相对丰度。在门水平（图4-8左）下，不同处理相对丰度最高的菌门为变形菌门（Proteobacteria），占32.76%～36.01%，随后依次是酸杆菌门（Acidobacteria），占25.34%～26.60%、unclassifled Bacteria 占7.42%～9.56，芽单胞菌门（Gemmatimonadota）占4.83%～9.57%、拟杆菌门（Bacteroidota）占4.22%～6.54%、黏菌门（Myxococcota）占4.52%～5.32%，绿弯菌门（Chloroflexi）占3.18%～4.01%，放线菌门（Actinobacteriota）占3.13%～4.08%，Methylomirabilota 占3.18%～3.91%，硝化螺旋菌门（Nitrospirota）占0.76%～1.32%，其他菌门低于4.19%。与T2处理相比，T3、T4、T5处理的酸杆菌门、unclassifled Bacteria、芽单胞菌门、拟杆菌门的丰度增加，变形菌门、硝化螺旋菌门（Nitrospirota）的丰度降低。在纲水平（图4-8右）下，不同处理相对丰度较高的有 γ-变形菌纲（Gammaproteobacteria），占18.78%～20.40%，Vicinamibacteria 占18.00%～19.56%，α-变形菌纲（Alphaproteobacteria）占13.20%～16.25%，unclassified Bacteria 占7.42%～9.56%，拟杆菌纲（Bacteroidia）占3.94%～6.30%，芽单胞菌纲（Gemmatimonadetes）占3.63%～4.73%，Polyangia 占3.11%～4.07%，Methylomirabilota 占3.18%～3.92%，酸杆菌纲（Blastocatellia）占2.09%～2.63%，厌氧绳菌纲（Anaerolineae）占2.17%～2.68%。与T2处理相比，T3、T4、T5处理的α-变形菌纲的丰度增加，Methylomirabilota 的丰度降低。变形菌门含有丰富的固氮细菌，放线菌门和拟杆菌门多为致病细菌，硝化螺旋菌门可将亚硝酸盐氧化成硝酸盐，表明土壤有机肥替代15%氮肥可增强土壤固氮能力，提升土壤抵御外来病原体的能力。

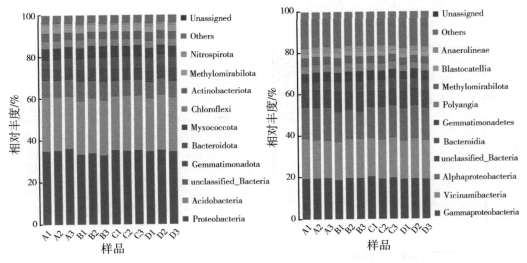

图4-8　门（左）和纲（右）水平上最大丰度排名前10的物种相对丰度

（4）不同处理下的 PCoA 和 NMDS 的排序分布。PCoA（主坐标分析）是指通过分析不同样品 OTU（97%相似性）组成可以反映样品的差异和距离，两个样品距离越近，则表示这两个样品的组成越相似。当 Stress 小于 0.2 时，表明 NMDS（非度量多维排列）分析具有一定的可靠性，在坐标图上距离越近的样品，相似性越高。如图 4-9 可见，每 3 个重复间的距离均较近，组分相似度高，说明 PCoA 和 NMDS 分析具有较高的可靠性。

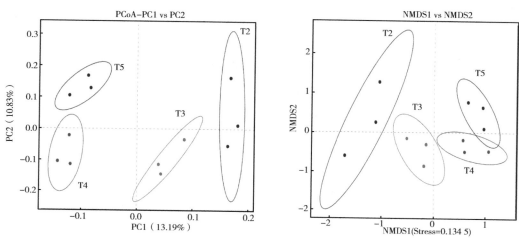

图 4-9　不同处理下的 PCA 和 PCoA 的排序分布

7. 土壤真菌群落结构

玉米成熟期，采集土壤样品进行土壤真菌多样性测定。由于施肥特性，试验重点对陈庄村的 T2、T3、T4、T5 4 个处理进行比较。

（1）不同处理下土壤真菌群落 Alpha 多样性指数。如表 4-17 所示，对土壤样品中 ITS 基因的 ITS1 区进行测序，共获得真菌有效序列 933 544 条，这些序列在 97%的相似性水平上被划分为 349～467 个 OTU，土壤真菌文库覆盖率分布可达到 100%。不同处理土壤真菌多样性 Chao1 和 ACE 指数反映出 T3 处理的物种丰度明显高于 T2、T4～T5 处理，物种丰度表现为 T3＞T4＞T2＞T5。Simpson 指数反映出 T5 处理的物种多样性差异明显，且覆盖率高于常规和优化施肥。以上表明，有机无机肥配施替代 30%氮肥明显提高了表层土壤的真菌群落多样性。

表 4-17　不同处理对土壤真菌群落 Alpha 多样性指数影响

处理	OTU 指数	ACE 指数	Chao1 指数	Simpson 指数	Shannon 指数	覆盖率/%
T2	363	364.30	363.22	0.933 4	5.73	99.99

（续表）

处理	OTU 指数	ACE 指数	Chao1 指数	Simpson 指数	Shannon 指数	覆盖率/%
T3	467	467.92	467.15	0.938 7	6.46	99.99
T4	365	366.18	365.20	0.964 7	5.77	100
T5	349	350.33	349.52	0.965 5	5.17	100

（2）不同处理下的土壤真菌群落高通量测序文库稀释曲线及韦恩图。图 4-10 表明，当测序量超过 40 000 条时，整个曲线趋于平缓，表明该测序文库已经达饱和。不同处理用不同灰度表示，不同灰度图形之间交叠部分数字为 2 个处理之间共有的特征个数（OTU 数目）。不同处理的共有真菌 OTU 数量为 124，与 T2 处理相比，T3、T4、T5 处理的特异性真菌 OTU 数量分别为 883、605、628，与 T3 处理相比，T2、T4、T5 处理的特异性真菌 OTU 数量分别为 587、578、625，说明与常规施肥相比，有机无机肥配施替代处理的特异性真菌 OTU 数量较多。

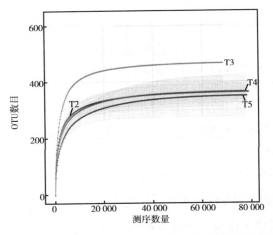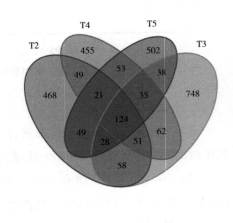

图 4-10 不同处理下土壤真菌群落高通量测序文库稀释曲线及韦恩图

（3）门和纲水平物种相对丰度。在门水平（图 4-11 左）下，不同处理相对丰度最高的菌门为子囊菌门（Ascomycota），占 25.26%～53.03%，随后依次是担子菌门（Basidiomycota）占 11.63%～39.25%，unclassified Fungi 占 6.14%～27.34%，被孢霉门（Mortierellomycota）占 5.45%～24.44%，壶菌门（Chytridiomycota）占 0.38%～18.38%，球囊菌门（Glomeromycota）占 0.76%～6.22%，梳霉门（Kickxellomycota）占 0.00%～1.81%，油壶菌门（Olpidiomycota）占 0.05%～0.36%，罗兹菌门（Rozellomycota）占 0.00%～0.33%，Zoopagomycota 占 0.00%～0.05%，其他菌门低于 0.13%。与

T2 处理相比，T3、T4、T5 处理的子囊菌门的丰度增加，壶菌门、梳霉门、油壶菌门的丰度降低。在纲水平（图 4-11 右）下，不同处理相对丰度较高的有 Sordariomycetes 占 15.23%～36.50%，伞菌纲（Agaricomycetes）占 4.93%～35.32%，unclassified Fungi 占 6.14%～27.34%，Mortierellomycetes 占 5.45%～24.44%，子囊菌纲（Dothideomycetes）占 2.10%～8.29%，unclassified Basidiomycota 占 1.30%～15.52%，Glomeromycetes 占 0.75%～5.43%，盘菌纲（Pezizomycetes）占 0.08%～9.59%，酵母菌（Saccharomycetes）占 0.26%～6.88%。与 T2 处理相比，T3、T4、T5处理的 Sordariomycetes、unclassified Fungi 的丰度增加，盘菌纲的丰度降低。通过以上分析，表明土壤生物有机肥替代可增强土壤固氮能力，提升土壤抵御外来病原体的能力。

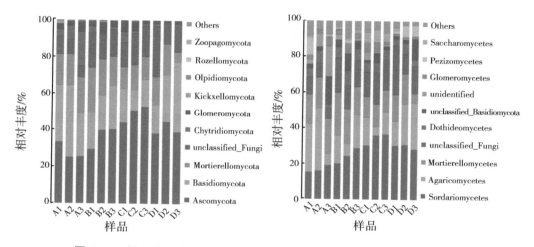

图 4-11　门（左）和纲（右）水平上最大丰度排名前 10 的物种相对丰度

（4）不同处理下的 PCoA 和 NMDS 的排序分布。PCoA 是指通过分析不同样品 OTU（97%相似性）组成可以反映样品的差异和距离，两个样品距离越近，则表示这两个样品的组成越相似。当 Stress 小于 0.2 时，表明 NMDS 分析具有一定的可靠性，在坐标图上距离越近的样品，相似性越高。如图 4-12 可见，每 3 个重复间的距离均较近，组分相似度高，说明 PCoA 和 NMDS 分析具有较高的可靠性。

根据不同比例的生物有机肥养分替代化肥的定位试验结果，从作物养分积累、产量、土壤的养分供应和对土壤化学性状改变的不同角度进行综合分析和评价，综合得到以下结论。

有机无机肥配施替代 15%氮肥和有机无机肥配施替代 30%氮肥均能够有效促进玉米养分吸收利用，提高玉米产量，也明显提高净收益，使表层土壤有机质含量明显提高 3.35%～51.50%，土壤表层有效磷、速效钾的含量分别提高了 11.12%～42.38%和 43.61%～50.76%，改善土壤的 pH 值。对于玉米全氮积累量和品质表现较好的分别为

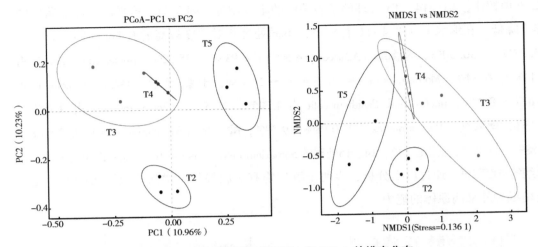

图 4-12 不同处理下的 PCA 和 PCoA 的排序分布

有机肥替代 15%氮肥处理、有机肥替代 30%磷肥、有机肥替代 30%钾肥。同时，有机肥替代化肥的施入可增强土壤固氮能力，提升土壤抵御外来病原体的能力，有机无机肥配施替代 15%氮肥表现为细菌和真菌的数量增加，提升土壤抵御外来病原体的能力。

第五章 耕地质量调查的内容和方法

耕地是农业生产最重要的资源，耕地质量的好坏直接影响到农业的可持续发展和粮食安全。耕地质量是在特定气候区域以及地形、地貌、成土母质、土壤理化性状、农田基础设施及培肥水平等要素综合构成的耕地生产能力，由立地条件、土壤条件、农田基础设施条件及培肥水平等因素影响并共同决定。耕地质量评价则以利用方式为目的，评估耕地生产潜力和适宜性的过程，主要揭示生物生产力的高低和潜在生产力，其实质是对耕地生产力高低的鉴定。耕地质量评价是客观决策生态、环境、经济、社会可持续发展的重要基础性工作。

粮食安全问题作为我国经济发展、社会稳定和国家自立的全局性重大战略问题，保障我国粮食安全，对实现全面建设小康社会的目标、构建社会主义和谐社会和推进社会主义新农村建设具有十分重要的意义。我国人口众多，对粮食需求量大，但粮食增产难度越来越大，粮食安全的基础比较脆弱。要深入学习贯彻习近平总书记系列重要讲话精神，落实藏粮于地、藏粮于技战略，以绿色发展为导向，以保障国家粮食安全、农产品质量安全与农业生态安全为目标，紧紧围绕农业供给侧结构性改革这一工作主线，强化耕地质量监测保护，坚持科学布点、持续调查、规范评价，建立健全耕地质量等级调查评价，及时开展耕地土壤改良、地力培肥与治理修复，促进耕地质量提升和资源可持续利用，筑牢国家粮食安全基石。其重点任务之一就是科学布设耕地质量调查点位，分区建立评价指标体系，按年度开展全域耕地质量主要性状调查与数据更新工作。及时掌握不同区域耕地质量等级现状及演变趋势，分析影响耕地生产的主要障碍因素，提出有针对性的耕地质量建设与保护措施。

第一节 技术和资料准备

一、技术准备

（一）制定实施方案

武强县 6 个镇的土壤布点、调查工作由武强县农业农村局土肥站和技术委托单位共同按时完成，主要内容包括调查目标、调查内容、组织形式、技术保证和措施、调查与评价方法、图件绘制、预期成果和经费预算等。

（二）建立耕地资源数据库系统

收集和检查武强县的耕地质量调查和土壤化验数据，建立 GIS（地理信息系统）支持下的武强县耕地资源基础数据库，县土肥站负责组织数据库数据的录入，县土肥站和技术依托单位负责各项数据的审核和汇总。

（三）确定耕地质量评价指标

按照《耕地质量评价》（GB/T 33469—2016）国家标准要求，结合国家划定的九大耕地质量评价片区所制定的二级农业区的耕地质量评价指标体系，开展耕地质量等级评价。武强县属于黄淮海区（一级农业区）中的冀鲁豫低洼平原区（二级农业区），根据牵头单位制定的《冀鲁豫低洼平原农业区的耕地质量评价指标体系》，河北省耕地质量监测保护中心根据耕地实际情况制定了《河北省耕地质量调查评价操作规范》，武强县确定耕地质量调查评价指标 18 个，分别为灌溉能力、耕层质地、质地构型、有机质、地形部位、盐渍化程度、排水能力、有效磷、速效钾、pH 值、有效土层厚度、土壤容重、地下水埋深、障碍因素、耕层厚度、农田林网化、生物多样性和清洁程度。

（四）确定评价单元

采用武强县土地利用现状图、土壤图和行政区划图三图叠加形成的图斑作为评价单元。评价区域内的耕地面积与政府发布的耕地面积一致。

（五）确定调查采样点

以 2022 年以前建立的耕地资源数据库和 2021 年耕地质量等级图作为工作底图，在评价单元和耕地等级中，综合分析，确定调查与采样点位置。

（六）野外调查表格填写和校验

根据河北省耕地质量监测保护中心下达的任务要求和编制的耕地质量等级调查表，衡水市组织了武强县的技术培训，协助和监督武强县填好表格中的调查项目和分析化验项目。

（七）技术培训

耕地质量调查评价工作涉及知识面广，技术性强。为提高技术组成员的技术水平和业务素质，农业农村部耕地质量监测保护中心、河北省耕地质量监测保护中心举办了各种技术培训，培训的主要内容如下。

（1）田间调查技术。包括采样点选择、GPS 应用技术、采样技术、调查表正确填写等。

（2）化验技能。包括样品前处理、精密仪器使用、化验结果计算、化验质量控制及注意事项等。如果委托第三方化验的，需要正确选择有资质的或者通过河北省土肥站检测的单位承担土壤样品的检测工作。

（3）计算机应用技术。包括数据录入、图件数字化、数据库建立、GIS 应用技术。上机实习耕地质量评价数据上报流程，应用县域耕地资源管理信息系统进行 GPS 坐标转换与点位图件生成，评价单元图制作、点位图空间插值、评价单元赋值、耕地质量等级划分、土壤养分专题图件、耕地作物适宜性图件制作等。

（4）耕地质量评价技术和成果。包括耕地质量评价关键环节技术要求、耕地质量等级报告编制、评价结果与其他成果的对接等。

二、资料准备

（一）图件资料

武强县行政区划图（1∶50 000）、土壤图（1∶50 000）、土地利用现状图（1∶50 000）、第二次土壤普查成果图、往年的耕地质量评价等级图等相关图件。

（二）数据资料

武强县最新统计年鉴，第二次土壤普查基础资料、土地详查资料，近年来肥料用量统计表及耕地质量等级调查表，土地利用地块登记表，历年土壤肥力监测资料，武强县 6 个镇、村编码表，武强县各阶段与耕地质量提升有关的技术总结或者工作报告，武强县历年气象资料。

（三）其他资料

土壤志，农业区划材料，第二次土壤普查成果资料，基本农田保护区划定资料，水利资源分布与利用，土壤改良、水土保持、生态建设资料。

第二节 野外调查和室内分析

一、确定采样点位

（一）采样和布点的原则

根据耕地质量评价技术规程以及武强县实际情况，本次调查样点的布设主要采取以下原则。

1. 代表性和均衡性原则

在前期测土配方施肥耕地地力评价和 2021 年耕地等地质量等级评价完成的基础上，

全国按照不同生态类型区建立相应的评价标准，使得评价结果片区中可比。此次按照农业农村部和河北省耕地质量监测保护中心的要求，采样布点覆盖全县所有镇的耕地全部土壤类型、全部土地利用类型以及测土配方施肥时地力评价和 2021 年耕地等地质量等级评价工作得出的全部等级。同时，还考虑各镇调查样点的均衡性。

2. 典型性原则

所有样点样品的采集能够正确地反映样点所在区域的土壤肥力和土地利用方式的变化。采样要在利用方式相对稳定、没有特殊干扰的地块进行，样点代表其对应的评价单元最明显、最稳定、最典型的特征，避免各种非调查因素的影响。

3. 对比性原则

首先选定在第二次土壤普查的采样点或剖面点，其次尽量安排在测土配方施肥和 2021 年耕地等地质量等级评价采样点上。如果原来的点出现特殊情况，就在靠近其周边补充一个点。

4. 科学性和应变性原则

调查和采样布点是用行政区划图、土壤图与基本农田保护图、土地利用现状图以及 2021 年耕地质量等级图叠加产生的图斑作为耕地质量调查的基本单元。如果所调查农户有不在同一地点的多块耕地或同一地点种植不同作物时，应按照事先确定的点位基本条件，只在符合条件要求的同一块地内取样。

（二）布点方法

将武强县土壤图、土地利用现状图、行政图、近期完成的耕地质量评价等级图等图件叠加，再根据全县各镇耕地面积、土壤类型、种植制度、土地利用现状等综合因素，2021 年和 2022 年均在武强县布设 45 个采样点位。在选定的采样调查单元，用 GPS 确定地理坐标（国家大地 2 000 坐标系），并绘制县级采样点位图。

二、确定采样方法

为了避免施肥的影响，一般大田土壤的采集是在作物收获后。野外采样田块根据点位图，到点位所在的村庄，向农民了解本村的农业生产情况，确定具有代表性的田块，依据田块的准确方位修正点位图上的点位位置，并用 GPS 定位仪进行实地定位。

对确定采样田块的户主，按照调查表格中的内容逐项进行调查填写。在田块中取 0～20 cm 土层样品；采用 "S" 形或者棋盘法进行取样，每个地块均匀随机选取 15～20 个采样点，充分混合后，四分法留取 1 kg 土样。采样工具有木铲、竹铲、不锈钢土钻等；采集的样品放入统一的样品袋，用铅笔写好标签，样品袋内、外各放置一张标签。标签上注明：样品野外编号（与大田采样点基本情况调查表和农户调查表相一致）、采样深度、采样地点、采样时间、采样人等。

三、确定调查内容

在采样的同时，制定耕地质量调查表，其中包括样点的统一编号、省名、地市名、县（市、区、农场）名、乡镇名、村名、采样年份、海拔高度、经度、纬度、土类、亚类、土属、土种、成土母质、地貌类型、质地构型、地形部位、田面坡度、地下水埋深、有效土层厚度、耕层厚度、耕层质地、耕层土壤容重、障碍因素、障碍层类型、障碍层深度、障碍层厚度、灌溉能力、灌溉方式、水源类型、排水能力、熟制、常年耕作制度、主栽作物名称、年产量、生物多样性、农田林网化程度、盐化类型、盐渍化程度、耕层土壤含盐量、有机质、全氮、有效磷、速效钾、缓效钾、土壤 pH 值、有效硫、有效铜、有效锌、有效铁、有效锰、有效硼、有效钼、有效硅、铅、铬、镉、汞、砷等。调查表中的部分内容附有相应的填写说明。

四、确定分析项目与方法

指测法测定土壤质地。pH 值、水溶性盐总量、有机质、全氮、碱解氮、有效磷、缓效钾、速效钾；有效态铁、锰、铜、锌、硫、硼、钼、硅、铅、铬、镉、汞、砷，具体分析项目及采用的方法如下。pH 值的测定采用玻璃电极法；水溶性盐总量的测定采用电导法；有机质的测定采用重铬酸钾—硫酸溶液—油浴法；全氮的测定采用硫酸—过氧化氢消煮—蒸馏滴定法；碱解氮的测定采用碱解扩散法；有效磷的测定采用碳酸氢钠提取—钼锑抗比色法；缓效钾的测定采用硝酸提取—火焰光度法；速效钾的测定采用乙酸铵提取—火焰光度法；土壤有效性铜、锌、铁、锰的测定采用 DTPA 提取—原子吸收分光光度法；有效硼的测定采用沸水浸提—甲亚胺比色法；土壤中有效态硫的测定采用磷酸盐—乙酸提取，硫酸钡比浊法；土壤有效硅的测定采用柠檬酸浸提—抗坏血酸还原，分光光度比色法；土壤有效钼的测定采用草酸—草酸铵浸提，极谱仪法；土壤总砷测定采用盐酸—硝酸消解，硼氢化钾还原，原子荧光法；土壤总汞测定采用盐酸—硝酸消解，硫脲—硼氢化钾还原，原子荧光法；土壤总铬、镉、铅的测定采用王水回流消解—原子吸收法。

五、确定技术路线

（一）前期准备

组织专家制定武强县耕地质量调查评价技术及应用研究方案，确定技术路线和技术方法。收集整理土管、水利、气象、环保、蔬菜、果树、土肥、农技以及各镇的图形、文字和表格资料。

（二）野外调查

选定典型农户的田块进行采样，并调查该户基本情况和生产管理情况。调查工作全部结束后，由专家对所有调查表格数据的标准化、正确性和可靠性进行审核。

（三）室内分析

对采集的样品进行准确的化验分析。

（四）耕地质量评价

以土壤图、行政区划图和土地利用现状图叠加产生图斑形成基础评价单元。通过计算机分析和专家打分选定评价要素。数字化各个专题图层，建立相应的空间数据库和属性数据库。建立单因素评价模型，计算单因素权重，计算耕地生产性能综合指数，确定分级标准，进行耕地质量等级评价。

（五）成果应用

研究与应用紧密结合，及时将调查评价成果运用到农业生产中，发挥指导作用。

第三节　野外调查与质量控制

一、调查方法

武强县按照衡水市规定的实施方法统一安排部署。野外调查主要是对采样地块基本情况、农户施肥情况等涉及的各个项目进行实地详细调查。

首先，抽调武强县技术素质高、责任心强的野外调查人员或者土肥技术人员协助委托调查的第三方单位进行野外调查工作。其次，各野外调查队在了解实际生产情况后，确定具有代表性的田块进行采样，并用 GPS 定位，同时修正点位位置。最后，采样时严格按照技术规程要求执行，认真填写调查表，统一编号，带回室内归档。

二、调查内容

在选定的调查单元，选择代表性较好的农户，将调查表中的内容进行归类，主要调查土类、亚类、土属、土种、成土母质、地貌类型、质地构型、地形部位、田面坡度、地下水埋深、有效土层厚度、耕层厚度、耕层质地、障碍因素、障碍层类型、障碍层深度、障碍层厚度、灌溉能力、灌溉方式、水源类型、排水能力、熟制、常年耕作制度、主栽作物名称、年产量、生物多样性、农田林网化程度、盐化类型、盐渍化程度、清洁程度等情况，并将相应的内容填写进"耕地质量等级调查表"所列项目。

为了摸清武强县耕地土壤肥力现状及其变化规律，保证耕地质量调查与质量评价的科学性，2009—2022 年按照耕地质量调查评价的项目要求在武强县采集土壤样品，对土壤的有机质、水溶性盐总量、pH 值、全氮、碱解氮、有效磷、缓效钾、速效钾、有效铁、锰、铜、锌、硫、硅、钼、硼，铅、铬、镉、汞、砷等进行了测试分析，掌握了耕地土壤肥力现状及其变化情况。

三、采样质量控制

样品采集的代表性、均匀性、典型性直接关系到分析数据的准确性和可靠性。在调查和采样过程中，注重 4 个环节：①调查表格规范填写，实事求是；②室内调查采样点确定后，野外根据实际情况随机采样，避开道路、复杂地形、人为干扰（如粪堆、坟堆）和基础设施干扰（井台、渠边等）等；③采样过程中注意采样深度、密度、每个采样点的样点数均匀等量、采样点之间及采样数量均匀等量；④所采集的样品具有一定的典型性，代表所定区域的特性。

第四节　样品分析与质量控制

一、样品制备与管理

样品的妥善制备、保存与管理，是检测分析中一项十分重要的处理环节。无论是武强县还是技术委托单位均应按照衡水市的规定进行样品的制备与管理。

（一）样品制备

野外采集回来的土壤样品登记编号后，经过风干、磨细、过筛、混合、分装，制成满足各种分析要求的待测样品。制样过程中，必须保持样品原有的化学组成，同时必须防止污染和记录错误。在加工工具、加工场所、操作方法和管理制度上都要进行严格的控制，确保样品质量的真实性和可靠性。

（二）样品管理

样品管理包括两方面：一是样品入库的静态管理；二是土样在加工处理、分装、分发测定过程中的动态管理。

1. 样品的入库管理

需要长期存放的样品，进行入库贮藏。样品库保持干燥、通风，无阳光直射、无污染；农产品样品放在干燥器或冷藏箱中保存，定期检查防止霉变、生虫、鼠害及样品标签脱落。风干样品按不同编号、不同粒径分类存放，通常保存半年至一年；标准样品或对照样品须长期妥善保存。

2. 样品动态管理

建立严格的岗位责任制。从样品摊开、风干、研磨、分装、分发、测定等各个环节都有严格的技术规程并制定相应的责任制，按规定的工作方法和程序进行，按规定格式认真做好记录。样品采集、制备和测定过程中处于相对流动状态，从一个程序到另一个程序，要防止样品的遗失和信息传递的失误，尽量减少周转环节。采样、制样、分析测试人员间的样品交接，需有严格的交接手续并做好记录。应将样品编号、采样时间、地点、研磨状况、样品数量、交接人员姓名、交接日期等填写准确完整，将记录保存入档，以便发现问题追根溯源。

二、分析质量与控制

分析质量控制包括环境条件、人员、计量器具、设备设施，实验室内、实验室间以及实验过程中设置基础实验等多种环节的控制。

（一）实验室及实验人员基本要求

通过农业农村部或河北省耕地质量监测保护中心资格考核，或有测试资质的公司或科研院所。实验室布局合理、整洁、明亮，配备抽风排气、废水及废物处理设施。按计量认证要求，实验室配备相应专业技术人员，多次参加省、市组织的化验分析培训班，满足检验工作需要，持证上岗。实验人员为科研院所从事化验工作 2 年以上的科研人员。

（二）分析质量控制

1. 全程序空白值控制

全程序空白值是指用某一方法测定某物质时，除样品中不含该物质外，整个分析过程中引起的信号值或相应浓度值。每次做 2 个平行样，连续测定 5 d 共得到 10 个测定结果，计算批内标准偏差 S。空白试验一般平行测定的相对差值不应大于 50%，也可以通过大量试验逐步总结出各种空白值的合理范围。

2. 检出限控制

检出限是指对某一特定的分析方法在给定的置信水平内可以从样品中检测待测物质的最小浓度或最小量。根据空白测定的批内标准偏差计算检出限（95% 的置信水平）。

3. 标准物质控制

购买国家有关业务主管部门标准并授权生产，附有标准物质证书且在有效期内的产品作为实验室的参比样品，对待测样品进行校准。

4. 工作标准溶液的校准

工作标准溶液是实验室重要的计量基准。工作标准溶液分为元素标准溶液和标准滴定溶液两类。

（1）元素标准溶液。严格按照 GB/T 602—2002《化学试剂　杂质测定用标准溶液的制备》、HG/T 2843—1997《化肥产品　化学分析常用标准滴定溶液、标准溶液、试剂溶液和指示剂溶液》及有关检测方法的标准配制、使用和保存。按照所用试剂批号和配制时间等因素综合考虑，定期核准，每年至少 1～2 次。

（2）标准滴定溶液。标准滴定溶液使用一级标准物或二级标准物，按照所用工作基准试剂的批号和配制时间等因素综合考虑，定期核准，每年至少 1～2 次。

（3）标准曲线控制。每批样品均需做标准曲线；校准曲线要有良好的重现性；即使校准曲线有良好的重现性也不得长期使用；待测液浓度过高时不能任意外推；大批量分析时每测定 20 个样品就需要用一次标准液校验，以检验仪器的灵敏度。

5. 精密度控制

精密度一般采用平行测定的允许误差来控制。通常情况下，土壤样品做 10%～15%的平行测试；5 个样品以下的，增加为 50%的平行。平行测试结果符合规定的允许误差，最终结果以其平均值报出，如果平行测试结果超过规定的允许误差，再加测一次，取其符合规定允许误差的测定值报出。如果多组平行测试结果超过规定的允许误差，应考虑整批次重做。

6. 准确度控制

准确度一般采用标准样品作为控制手段。通常每批样品或每 50 个样品加测 1 个标准样品，其测试结果与标准样品标准值的差值，应控制在标准偏差范围内。

（1）采用参比样品控制与标准样品控制。采用参比样品控制与标准样品控制一样，首先与标准样品校准或组织多个实验室进行定值。一般用标准样品控制微量分析，用参比样品控制常量分析。如果标准样品（或参比样品）测试结果超差，则应对整个测试过程进行检查，找出超差原因再重新工作。

（2）测定加标回收率。加标回收试验也经常用于准确度的控制。当选测的项目无标准物质或质控样品时，可用加标回收实验检查测定准确度。加标回收率应在允许的范围内。在一批试样中，随机抽取 10%～20%试样进行加标回收测定，计算加标率。样品数不足 10 个时，适当提高加标样比率。每批同类型试样中，加标试样不应少于 1 个。加标量视被测组分的含量而定，含量高的加入被测组分含量的 0.5～1.0 倍，含量低的加 2～3 倍，但加标后被测组分的总量不得超出方法的测定上限。加标浓度宜高，体积应小，不应超过原试样体积的 1%。

7. 异常结果的检查与剔除

可用数理统计法判断一组数据中是否产生异常值，通常采用 Grubb's 法。$T_{计} = |X_k - X|/S$，式中，X_k 为可疑值，X 为包括可疑值 X_k 在内的一组数据的平均值，S 为包括可疑值 X_k 在内一组数据的标准差。根据一组测定结果，从小到大顺序排列，按上述公式，X_k 可为最大值，也可为最小值。根据计算样本容量 n 查 Grubb's 检验临界值 Ta 表，若 $T_{计} \geqslant T_{0.01}$，则 X_k 为异常值，可以删除；若 $T_{计} < T_{0.01}$，则 X_k 不是异常值，保留待分析。

第五节　耕地质量评价原理与方法

耕地是土地的精华，是农业生产不可替代的重要生产资料，是保障社会和国民经济可持续发展的重要资源。保护耕地是我国的基本国策之一。及时掌握耕地资源数量、质量及其变化，对合理规划和利用耕地以及切实保护耕地有重要意义。在野外调查和室内化验分析获取大量耕地质量相关信息的基础上，进行耕地质量的综合评价和更新，能全面了解武强县耕地质量的现状及其演变规律，为实现武强县耕地资源的高效和可持续利用提供科学依据。

一、耕地质量评价原理

耕地质量是耕地自然要素相互作用表现出来的潜在生产能力。耕地质量评价可分为以产量为依据的耕地当前生产能力评价和以自然要素为主的生产潜力评价。本次耕地质量评价是指耕地用于一定方式下，在各种自然要素相互作用下所表现出来的潜在生产能力。

生产潜力评价又可分为以气候因素为主的潜力评价和以土壤因素为主的潜力评价。在一个较小的区域（县域）范围内，气候要素相对一致，耕地质量评价可以根据所在地的地形地貌、成土母质、土壤理化性状、农田基础设施等要素相互作用表现出来的综合特征，揭示耕地潜在生物生产力的高低。耕地质量评价可用两种方法表达。

一种是回归模型法，用单位面积产量表示，其关系式为：$Y = b_0 + b_1 x_1 + b_2 x_2 + \cdots + b_n x_n$。式中，$Y$ 为单位面积产量；x_n 为耕地自然属性（参评因素）；b_n 为该属性对耕地质量的贡献率（解多元回归方程求得）。

耕地质量评价的另一种表达方法是参数法，即用耕地自然要素评价的指数来表示，其关系式为：$IFI = b_1 x_1 + b_2 x_2 + \cdots + b_n x_n$。式中，$IFI$ 为耕地质量指数；x_n 为耕地自然属性（参评因素）；b_n 为该属性对耕地质量的贡献率（层次分析方法或专家直接评估求得）。

根据 *IFI* 的大小及其组成，不仅可以了解耕地质量的高低，而且可以直观地揭示影响耕地质量的障碍因素及其影响程度。采取合适的方法，也可以将 *IFI* 值转换为单位面积作物产量，更直观地反映耕地质量的高低。

二、构建耕地质量评价指标体系

全国耕地质量评价指标体系总集受气候、地形地貌、成土母质等多种因素的影响，不同地区、不同地貌类型、不同母质发育的土壤，耕地地力差异较大，各项指标对地力贡献的份额在不同地区也有较大的差别，即使在同一个气候区内也难以制订一个统一的地力评价指标体系。农业农村部按照基础性指标和区域补充性指标相结合的原则选定了各区域所辖农业区的评价指标，建立了各指标权重和隶属函数，并明确了耕地质量等级划分指数，形成了《全国耕地质量等级评价指标体系》。

（一）指标权重

武强县属于农业农村部耕地质量评价中的黄淮海区（一级农业区）冀鲁豫低洼平原农业区（二级农业区）。该区的耕地质量评价指标权重见表 5-1。

表 5-1　冀鲁豫低洼平原农业区耕地质量评价指标权重

指标名称	指标权重	指标名称	指标权重
灌溉能力	0.155 0	pH 值	0.036 0
耕层质地	0.130 0	有效土层厚	0.030 0
质地构型	0.111 0	土壤容重	0.030 0
有机质	0.104 0	地下水埋深	0.020 0
地形部位	0.077 0	障碍因素	0.020 0
盐渍化程度	0.076 0	耕层厚度	0.020 0
排水能力	0.057 0	农田林网化	0.010 0
有效磷	0.056 0	生物多样性	0.010 0
速效钾	0.048 0	清洁程度	0.010 0

（二）指标隶属函数

概念型指标隶属度见表 5-2，数值型指标隶属函数见表 5-3。

表 5-2 冀鲁豫低洼平原农业区的概念型指标隶属度

项目	指标隶属度										
地形部位	低海拔冲击平原	低海拔冲击洼地	低海拔洪积低台地	低海拔冲积洪积洼地	低海拔冲积洪积海积洼地	低海拔湖积冲积洼地	低海拔海积洼地	低海拔海积冲积平原	低海拔冲积海积平原	低海拔冲积扇平原	低海拔冲积洪积平原
隶属度	1	0.9	0.85	0.9	0.8	0.85	0.7	0.8	0.85	1	1
有效土层厚/cm	≥100	[60, 100)	[30, 60)	<30							
隶属度	1	0.8	0.6	0.4							
耕层质地	中壤	轻壤	重壤	黏土	砂壤	砾质壤土	砂土	砾质砂土	壤质砾石土	砂质砾石土	
隶属度	1	0.94	0.92	0.88	0.8	0.55	0.5	0.45	0.45	0.4	
土壤容重	适中	偏轻	偏重								
隶属度	1	0.8	0.8								
质地构型	夹黏型	上松下紧型	通体壤	紧实型	夹层型	海绵型	上紧下松型	松散型	通体砂	薄层型	裸露岩石
隶属度	0.95	0.93	0.9	0.85	0.8	0.75	0.75	0.65	0.6	0.4	0.2
生物多样性	丰富	一般	不丰富								
隶属度	1	0.8	0.6								
清洁程度	清洁	尚清洁									
隶属度	1	0.8									
障碍因素	无	夹砂层	砂姜层	砾质层							
隶属度	1	0.8	0.7	0.5							
灌溉能力	充分满足	满足	基本满足	不满足							
隶属度	1	0.85	0.7	0.5							
排水能力	充分满足	满足	基本满足	不满足							
隶属度	1	0.85	0.7	0.5							
农田林网化	高	中	低								
隶属度	1	0.8	0.6								
pH 值	≥8.5	[8, 8.5)	[7.5, 8)	[6.5, 7.5)	[6, 6.5)	[5.5, 6)	[4.5, 5.5)	<4.5			
隶属度	0.5	0.8	0.9	1	0.9	0.85	0.75	0.5			

耕层厚度/cm	≥20	[15, 20)	<15					
隶属度	1	0.8	0.6					
盐渍化程度	无	轻度	中度	重度				
隶属度	1	0.8	0.6	0.35				
地下水埋深/m	≥3	[2, 3)	<2					
隶属度	1	0.8	0.6					

表5-3　冀鲁豫低洼平原农业区的数值型指标隶属函数

指标名称	函数类型	函数公式	a值	c值	u的下限值	u的上限值	备注
有机质	戒上型	$y=1/[1+a(u-c)^2]$	0.005 431	18.219 012	0	18.2	
速效钾	戒上型	$y=1/[1+a(u-c)^2]$	0.000 01	277.304 96	0	277	
有效磷	戒上型	$y=1/[1+a(u-c)^2]$	0.000 102	79.043 468	0	79	有效磷 <110 mg/kg
有效磷	戒下型	$y=1/[1+a(u-c)^2]$	0.000 007	148.611 679	148.6	500	有效磷 ≥110 mg/kg

注：y为隶属度；a为系数；u为实测值；c为标准指标。当函数类型为戒上型，u≤下限值时，y为0；u≥上限值，y为1；当函数类型为峰型，u≤下限值或u≥上限值时，y为0。

（三）等级划分指数

冀鲁豫低洼平原农业区耕地质量等级划分指数范围见表5-4。1级耕地质量最高，10级耕地质量最低。

表5-4　冀鲁豫低洼平原农业区耕地质量等级划分综合指数范围

耕地质量等级	综合指数范围	耕地质量等级	综合指数范围
1级	≥0.964 0	6级	[0.809 0, 0.840 0)
2级	[0.933 0, 0.964 0)	7级	[0.778 0, 0.809 0)
3级	[0.902 0, 0.933 0)	8级	[0.747 0, 0.778 0)
4级	[0.871 0, 0.902 0)	9级	[0.716 0, 0.747 0)
5级	[0.840 0, 0.871 0)	10级	<0.716 0

第六章　耕地土壤理化性状

土壤性质是衡量土壤肥力高低和耕地质量等级的重要参数，包括物理、化学和生物学性状。了解土壤的理化性质可以为耕地质量综合等级评价和制定相应的合理利用技术措施提供科学依据。本章比较了武强县 2009 年和 2022 年两个年份的土壤有机质、全氮、有效磷、速效钾、缓效钾、有效铁、有效锰、有效铜、有效锌等化学指标以及容重、pH 值等属性的时间演变规律。

第一节　耕地土壤有机质

土壤有机质包括植物残体、施入的有机肥料与经过微生物作用产生的腐殖质。有机质是土壤的重要组成部分，是土壤养分的仓库，其含量的高低是衡量土壤肥力的重要指标之一。有机质中含有作物生长所需的各种养分，可以直接或间接地为作物生长提供氮、磷、钾、钙、镁、硫和各种微量元素，不仅是植物营养的重要来源，也是微生物生活和活动的能源。土壤有机质与土壤的发生演变、肥力水平和许多属性都密切相关；而且对土壤结构形成、通气性、渗透性、缓冲性、交换性能和保水保肥性产生重要影响，在改善土壤物理性质、调节水肥气热等各种肥力因素状况方面起重要作用。农业生产实践表明，同一类型土壤，在一定范围内，土壤肥力和作物产量将随着有机质含量的增加而逐渐提高。因此，对耕作土壤来说，保持和提高土壤有机质含量是培肥土壤的中心环节。

2009 年测定数据表明（图 6-1），武强县土壤有机质范围在 6.77～30.67 g/kg，平均值为 14.28 g/kg。其中，北代镇、东孙庄镇的土壤有机质高于全县的平均值，分别为 14.66 g/kg、15.22 g/kg，以东孙庄镇最高。2022 年测定数据表明，武强县全县耕层土壤有机质范围在 7.56～34.00 g/kg，平均值为 18.46 g/kg。其中，北代镇、东孙庄镇、街关镇的土壤有机质均高于全县的平均值，分别为 18.70 g/kg、22.21 g/kg、23.76 g/kg，以街关镇最高。与 2009 年相比，2022 年武强县土壤有机质含量有明显提高，由 14.28 g/kg 提高到 18.46 g/kg，平均每年增加 0.32 g/kg，增加了 29.27%。

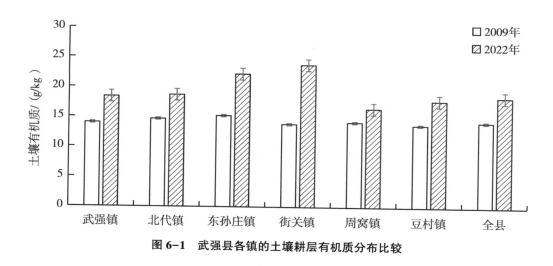

图 6-1　武强县各镇的土壤耕层有机质分布比较

依据河北省《耕地地力主要指标分级诊断标准》（DB 13/T 5406—2021），2009 年调查的全县耕地耕层土壤有机质含量大多属于 4 级（表 6-1），有机质含量＞25 g/kg 的 1 级地面积为 351.92 hm²，占总耕地面积的 1.16%；有机质含量（20，25］g/kg 的 2 级地面积 955.57 hm²，占总耕地面积的 3.16%；有机质含量（15，20］g/kg 的 3 级地面积 9 397.19 hm²，占总耕地面积的 31.06%；有机质含量（10，15］g/kg 的 4 级地面积 18 005.80 hm²，占总耕地面积的 59.51%；有机质含量≤10 g/kg 的 5 级地面积 1 547.43 hm²，占总耕地面积的 5.11%。2022 年调查的全县耕地耕层土壤有机质含量大多属于 3 级，有机质含量（20，25］g/kg 的 2 级地面积 13 952.64 hm²，占总耕地面积的 46.11%；有机质含量（15，20］g/kg 的 3 级地面积 16 305.27 hm²，占总耕地面积的 53.89%。

总体来看，2022 年武强县耕地土壤有机质含量与 2009 年相比呈现增加趋势，分级由 2009 年的以 4 级地为主转变为 2022 年的以 3 级地为主。2022 年土壤有机质含量在 2 级、3 级的耕地面积较 2009 年分别增加 12 997.07 hm²、6 908.08 hm²；土壤有机质含量在 1 级、4 级、5 级的耕地面积较 2009 年分别减少 351.92 hm²、18 005.80 hm²、1 547.43 hm²。

表 6-1　各级别土壤有机质的耕地面积和占比统计

级别	有机质含量/（g/kg）	2009 年		2022 年	
		耕地面积/hm²	占总耕地/%	耕地面积/hm²	占总耕地/%
1	＞25	351.92	1.16	0	0
2	（20，25］	955.57	3.16	13 952.64	46.11

（续表）

级别	有机质含量/（g/kg）	2009 年		2022 年	
		耕地面积/hm²	占总耕地/%	耕地面积/hm²	占总耕地/%
3	(15, 20]	9 397.19	31.06	16 305.27	53.89
4	(10, 15]	18 005.80	59.51	0	0
5	≤10	1 547.43	5.11	0	0

武强县土壤有机质含量增加的主要原因是 20 世纪 60—70 年代大量施用堆肥等有机肥，化肥用量少，农作物有机体产量很低，在农作物收获时，几乎所有的农作物有机体（包括作物根茬、茎叶）被用作燃料和牲畜的粗饲料，用于还田的农作物秸秆很少，作物收获后的农田可以称为"卫生田"。而近些年，由于大量施用化肥，单位耕地面积上的农作物有机体产量大幅度提升，有大量植物秸秆可以还田。同时，政府积极推广耕地质量保护与提升技术，如测土配方施肥技术、沃土工程、有机质提升、化肥零增长、有机肥替代化肥、化肥减量增效、休耕轮耕等技术，导致土壤有机质含量有明显提高。然而不同地区（甚至同一地区不同地块）秸秆还田量和调控技术的实际实施程度存在明显不同，土壤有机质含量高低差异较大，有机肥施用各区域之间很不均衡。

第二节　耕地土壤大量养分元素

土壤养分包括氮、磷、钾、钙、镁、硫、铁、锰、铜、锌、硼、钼和氯等元素。根据作物对其的需要量可划分为大量元素、中量元素和微量元素。大量元素包括氮、磷、钾；中量元素包括钙、镁、硫；微量元素包括铁、锰、铜、锌、硼、钼、氯。这些元素只有在协调供应的条件下，才能达到优质、高效、高产的目的。土壤养分含量因土壤类型不同而不同。受成土条件、人为耕作、施肥等因素的影响，耕层土壤养分有明显差异。本书中武强县土壤养分测定项目包括全氮、有效磷、缓效钾、速效钾、有效铁、有效铜、有效锰、有效锌、有效硼、有效硫等。在进行土壤样品数据整理时，结合专业经验，采用生态分布法判断分析数据中的异常值。根据一组数据的测定结果，由大到小排列，把大于和小于测定值的视为异常值去掉。本节主要介绍武强县氮、磷、钾等大量养分元素的变化规律。

一、土壤全氮

2009 年调研数据显示（图 6-2），武强县土壤全氮含量范围在 0.33~2.64 g/kg，平均值为 1.00 g/kg。其中，北代镇、东孙庄镇的土壤全氮含量均高于全县的平均值，分别为 1.04 g/kg、1.05 g/kg，以东孙庄镇最高。2022 年武强县土壤耕层全氮含量范围在 0.51～2.39 g/kg，平均值为 1.16 g/kg。其中，北代镇、东孙庄镇、街关镇、豆村镇的土壤全氮含量均高于全县的平均值，分别为 1.18 g/kg、1.39 g/kg、1.46 g/kg、1.22 g/kg，以街关镇最高。与 2009 年相比，2022 年土壤耕层全氮含量进一步提高，由 1.00 g/kg 提高到 1.16 g/kg，提升幅度 0.16 g/kg，平均每年增加 0.012 g/kg，提高了 16%。

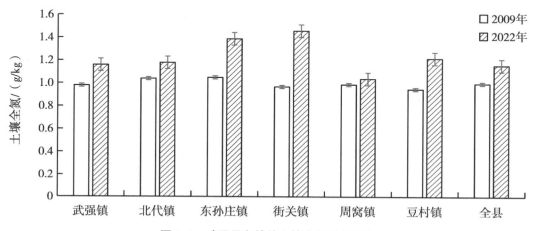

图 6-2　武强县各镇的土壤全氮分布对比

依据河北省《耕地地力主要指标分级诊断标准》（DB 13/T 5406—2021），2009 年武强县耕地耕层土壤全氮含量大多属于 3 级（表 6-2），全氮含量＞1.50 g/kg 的 1 级地面积 1 963.29 hm²，占总耕地面积的 6.49%；全氮含量（1.00，1.50］g/kg 的 2 级地面积 11 270.69 hm²，占总耕地面积的 37.25%；全氮含量（0.75，1.00］g/kg 的 3 级地面积 12 043.00 hm²，占总耕地面积的 39.80%；全氮含量（0.50，0.75］g/kg 的 4 级地面积 3 930.21 hm²，占总耕地面积的 12.99%；全氮含量≤0.50 g/kg 的 5 级地面积 988.62 hm²，占总耕地面积的 3.27%。2022 年调查的全县耕地耕层土壤全氮含量大多属于 2 级，全氮含量＞1.5 g/kg 的 1 级地面积 915.91 hm²，占总耕地面积的 3.03%；全氮含量（1.00，1.50］1.50 g/kg 的 2 级地面积 28 251.74 hm²，占总耕地面积的 93.37%；全氮含量（0.75，1.00］g/kg 的 3 级地面积 1 073.56 hm²，占总耕地面积的 3.55%；全氮含量（0.50，0.75］g/kg 的 4 级地面积 16.70 hm²，占总耕地面积的 0.06%。

总体来看，2022 年武强县耕地土壤全氮含量与 2009 年相比呈现上升趋势，分级由 2009 年的以 3 级为主转变为 2022 年的以 2 级为主。2022 年土壤全氮含量在 2 级的耕地面积较 2009 年增加 16 981.05 hm²；土壤全氮含量在 3 级、4 级、5 级的耕地面积较 2009 年分别减少 10 969.44 hm²、3 913.51 hm²、988.62 hm²。

表6-2 各级别土壤全氮的耕地面积和占比统计

级别	全氮含量/（g/kg）	2009年		2022年	
		耕地面积/hm²	占总耕地/%	耕地面积/hm²	占总耕地/%
1	>1.50	1 963.29	6.49	915.91	3.03
2	(1.00, 1.50]	11 270.69	37.25	28 251.74	93.37
3	(0.75, 1.00]	12 043.00	39.80	1 073.56	3.55
4	(0.50, 0.75]	3 930.21	12.99	16.70	0.06
5	≤0.50	988.62	3.27	0	0

二、土壤有效磷

2009年调研数据显示（图6-3），武强县土壤有效磷含量范围在17.71～32.16 mg/kg，平均值为23.82 mg/kg。其中，东孙庄镇、街关镇、周窝镇的土壤有效磷含量均高于全县的平均值，分别为25.75 mg/kg、26.09 mg/kg、24.78 mg/kg，以街关镇最高。2022年武强县土壤耕层有效磷含量范围在5.11～123.07 mg/kg，平均值为29.55 mg/kg。其中，东孙庄镇、街关镇的土壤有效磷含量均高于全县的平均值，分别为45.37 mg/kg、46.66 mg/kg，以街关镇最高。

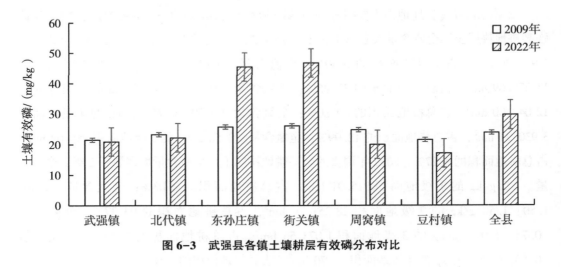

图6-3 武强县各镇土壤耕层有效磷分布对比

依据河北省《耕地地力主要指标分级诊断标准》（DB 13/T 5406—2021），2009年调查的武强县耕地耕层土壤有效磷含量大多属于3级（表6-3），有效磷含量>30 mg/kg 的 1 级地面积 1 192.05 hm²，占总耕地面积的3.94%；有效磷含量（25，30]mg/kg的2级地面积10 072.84 hm²，占总耕地面积的33.29%；有效磷含量

（15，25］mg/kg 的 3 级地面积 18 993. 02 hm²，占总耕地面积的 62. 77%。2022 年调查的武强县耕地耕层土壤有效磷含量大多属于 1 级，有效磷含量＞30 mg/kg 的 1 级地面积 18 248. 75 hm²，占总耕地面积的 60. 31%；有效磷含量（25，30］mg/kg 的 2 级地面积 1 971. 78 hm²，占总耕地面积的 6. 52%；有效磷含量（15，25］mg/kg 的 3 级地面积 10 037. 38 hm²，占总耕地面积的 33. 17%。

总体来看，2009 年和 2022 年武强县耕地土壤有效磷含量分别以 3 级和 1 级为主。

表 6-3　各级别土壤有效磷的耕地面积和占比统计

级别	有效磷/（mg/kg）	2009 年		2022 年	
		耕地面积/hm²	占总耕地/%	耕地面积/hm²	占总耕地/%
1	＞30	1 192. 05	3. 94	18 248. 75	60. 31
2	（25，30］	10 072. 84	33. 29	1 971. 78	6. 52
3	（15，25］	18 993. 02	62. 77	10 037. 38	33. 17
4	（10，15］	0	0	0	0
5	≤10	0	0	0	0

三、土壤速效钾和缓效钾

（一）土壤速效钾

2009 年调研数据显示（图 6-4），武强县土壤速效钾含量范围在 90. 47～142. 92 mg/kg，平均值为 111. 96 mg/kg。其中，东孙庄镇、街关镇、周窝镇的土壤速效钾含量均高于全县的平均值，分别为 118. 94 mg/kg、121. 20 mg/kg、114. 00 mg/kg，以街关镇最高。2022 年武强县土壤耕层速效钾含量范围在 120. 08～461. 30 mg/kg，平均值为 230. 41 mg/kg。其中，北代镇、东孙庄镇、街关镇、豆村镇的土壤速效钾含量均高于全县的平均值，分别为 295. 86 mg/kg、273. 89 mg/kg、255. 80 mg/kg、241. 58 mg/kg，以北代镇最高。与 2009 年相比，武强县 2022 年土壤耕层速效钾含量明显提高，由 111. 96 mg/kg 提高到 230. 41 mg/kg，平均每年增加 9. 11 mg/kg，提高了 105. 80%。

依据河北省《耕地地力主要指标分级诊断标准》（DB 13/T 5406—2021），2009 年调查的武强县耕地耕层土壤速效钾含量大多属于 2 级、3 级（表 6-4），速效钾含量＞130 mg/kg 的 1 级地面积 1 987. 20 hm²，占总耕地面积的 6. 57%；速效钾含量（115，130］mg/kg 的 2 级地面积 9 497. 48 hm²，占总耕地面积的 31. 39%；速效钾含量（100，115］mg/kg 的 3 级地面积 14 767. 59 hm²，占总耕地面积的 48. 80%；速效钾含

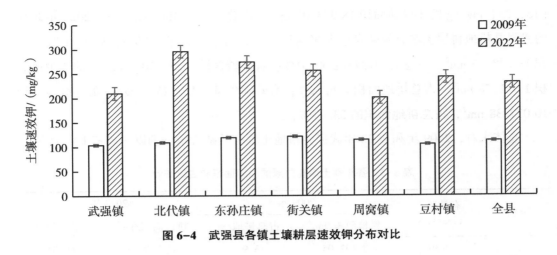

图 6-4　武强县各镇土壤耕层速效钾分布对比

量（85，100］mg/kg 的 4 级地面积 4 005.64 hm²，占总耕地面积的 13.24%。2022 年调查的武强县耕地耕层土壤速效钾含量属于 1 级，速效钾含量＞130 mg/kg 的 1 级地面积 30 257.91 hm²，占总耕地面积的 100%。

总体来看，2022 年武强县耕地土壤速效钾含量与 2009 年相比呈现上升趋势，分级由 2009 年的 2 级和 3 级为主转变为 2022 年的 1 级。与 2009 年比较，2022 年的土壤速效钾 1 级耕地面积增加 28 270.71 hm²；2022 年的土壤速效钾 2 级、3 级、4 级耕地面积分别减少 9 497.48 hm²、14 767.59 hm²、4 005.64 hm²。

表 6-4　各级别土壤速效钾的耕地面积和占比统计

级别	速效钾/（mg/kg）	2009 年		2022 年	
		耕地面积/hm²	占总耕地/%	耕地面积/hm²	占总耕地/%
1	＞130	1 987.20	6.57	30 257.91	100
2	（115，130］	9 497.48	31.39	0	0
3	（100，115］	14 767.59	48.80	0	0
4	（85，100］	4 005.64	13.24	0	0
5	≤85	0	0	0	0

（二）土壤缓效钾

2009 年调研数据表明（图 6-5），武强县土壤缓效钾含量范围在 565.53～1 205.84 mg/kg，平均值为 940.30 mg/kg。其中，东孙庄镇、周窝镇的土壤缓效钾含量均高于全县的平均值，分别为 993.93 mg/kg、960.81 mg/kg，以东孙庄镇最高。2022 年调研数据表明，武强县土壤缓效钾含量范围在 674.86～1 429.36 mg/kg，平均值为

1 008.01 mg/kg。其中，武强镇、北代镇、周窝镇、豆村镇的土壤缓效钾含量均高于全县的平均值，分别为 1 055.75 mg/kg、1 024.51 mg/kg、1 094.93 mg/kg、1 038.44 mg/kg，以周窝镇最高。与 2009 年相比，2022 年土壤耕层缓效钾含量略有提高，由 940.30 mg/kg 提高到 1 008.01 mg/kg，平均每年增加 5.21 mg/kg，提高了 7.20%。

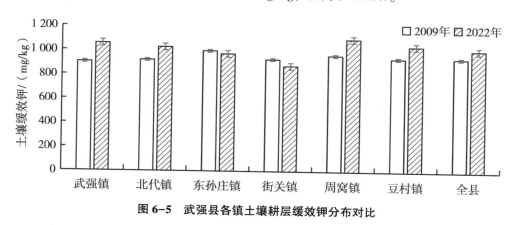

图 6-5　武强县各镇土壤耕层缓效钾分布对比

依据河北省《耕地地力主要指标分级诊断标准》（DB 13/T 5406—2021），2009 年调查的武强县耕地耕层土壤缓效钾含量大多属于 3 级（表 6-5），缓效钾含量＞1 000 mg/kg 的 1 级地面积 10 234.16 hm²，占总耕地面积的 33.82%；缓效钾含量（900，1 000］mg/kg 的 2 级地面积 8 396.88 hm²，占总耕地面积的 27.75%；缓效钾含量（500，900］mg/kg 的 3 级地面积 11 626.87 hm²，占总耕地面积的 38.43%。2022 年的调查结果表明武强县耕地耕层土壤缓效钾含量大多属于 1 级，缓效钾含量＞1 000 mg/kg 的 1 级地面积 18 734.37 hm²，占总耕地面积的 61.92%；缓效钾含量（900，1 000］mg/kg 的 2 级地面积 11 405.34 hm²，占总耕地面积的 37.69%；缓效钾含量（500，900］mg/kg 的 3 级地面积 118.20 hm²，占总耕地面积的 0.39%。

总体来看，2022 年武强县耕地土壤缓效钾含量与 2009 年相比呈现上升趋势，由以 3 级为主提升到以 1 级为主。与 2009 年比较，2022 年的土壤缓效钾 1 级、2 级耕地面积分别增加 8 500.21 hm²、3 008.46 hm²；2022 年的土壤缓效钾 3 级耕地面积减少 11 508.67 hm²。

表 6-5　各级别土壤缓效钾的耕地面积和占比统计

级别	缓效钾/（mg/kg）	2009 年		2022 年	
		耕地面积/hm²	占总耕地/%	耕地面积/hm²	占总耕地/%
1	＞1 000	10 234.16	33.82	18 734.37	61.92
2	（900，1 000］	8 396.88	27.75	11 405.34	37.69

（续表）

级别	缓效钾/（mg/kg）	2009 年		2022 年	
		耕地面积/hm²	占总耕地/%	耕地面积/hm²	占总耕地/%
3	(500，900]	11 626.87	38.43	118.20	0.39
4	(300，500]	0	0	0	0
5	≤300	0	0	0	0

第三节 耕地土壤中量元素

中量元素是植物细胞的重要组成部分，参与细胞的化学反应和生理活动。土壤中量元素含量较高，基本能够满足作物生长需要。土壤中量元素通常包括钙、镁、硫 3 种，本书选择有效硫进行分析。土壤有效硅被视为有益元素，其在植物体内含量较大，随着大量元素、微量元素肥料的施用，在一年两熟、作物高产的条件下，硅元素局部呈现缺乏现象，适量施用具有较明显的增产效果，因此本书将硅作为中量元素进行分析。

2022 年测定结果（表 6-6）表明，武强县土壤耕层有效硫含量平均值为 9.17 mg/kg，范围在 3.61～18.63 mg/kg，变异系数 63.14%。土壤耕层有效硅含量平均值为 469.25 mg/kg，范围在 386.00～526.75 mg/kg，变异系数 11.55%。

表 6-6　2022 年武强县耕层土壤有效硫和有效硅含量状况　　单位：mg/kg

指标	有效硫	有效硅
最大值	18.63	526.75
最小值	3.61	386.00
平均值	9.17	469.25
标准差	5.79	54.21
变异系数/%	63.14	11.55

第四节 耕地土壤微量元素

微量元素是指植物体内含量相对氮、磷、钾少一些的元素，但在植物正常生长发育及生理代谢进程中是不可缺少的元素。微量元素在植物体内的含量一般在 0.01%以下，包括铁、锰、铜、锌、硼、钼、氯。作物需要的微量元素数量很少，一般土壤微量元素的含量是能够满足作物需要的。但微量元素有效性受土壤条件影响很大，如土壤中碳酸钙含量及 pH 值高会导致微量元素不足。微量元素缺乏会发生特殊的营养缺乏症，使植物不能正常生长，成为进一步限制作物产量提高的障碍因素。目前国内外施用微量元素肥料已经很普遍，对提高作物的产量和改善品质有一定作用。本书主要分析了 2022 年武强县微量元素中的有效铁、有效锰、有效铜、有效锌、有效钼和有效硼等含量，这些元素对耕地质量和环境质量起重要作用。

2022 年武强县土壤有效铁、有效锰、有效铜、有效锌、有效硼、有效钼的变化范围分别为 11.92～18.52 mg/kg、10.85～13.83 mg/kg、1.27～1.76 mg/kg、0.83～3.20 mg/kg、0.54～0.85 mg/kg、0.05～0.16 mg/kg；有效铁、有效锰、有效铜、有效锌、有效硼、有效钼的平均值分别为 14.35 mg/kg、12.58 mg/kg、1.54 mg/kg、1.90 mg/kg、0.69 mg/kg、0.13 mg/kg，其中有效钼区域间变异较大，有效铁、有效锰、有效铜、有效锌、有效硼的变异系数均在 10%以上。

依据河北省《耕地地力主要指标分级诊断标准》（DB 13/T 5406—2021），2022 年调查结果中（表 6-7），武强县耕地耕层土壤有效铁、有效铜含量均属于 2 级水平，有效锰、有效锌、有效硼含量均属于 3 级水平，有效钼含量在 4 级水平。

表 6-7　2022 年武强县耕层土壤微量元素含量状况　　　　　　　单位：mg/kg

指标	有效铁	有效锰	有效铜	有效锌	有效硼	有效钼
最大值	18.52	13.83	1.76	3.20	0.85	0.16
最小值	11.92	10.85	1.27	0.83	0.54	0.05
平均值	14.35	12.58	1.54	1.90	0.69	0.13
标准差	2.50	1.26	0.18	1.14	0.11	0.04
变异系数/%	17.42	10.02	11.69	10.60	15.94	30.77
等级	2	3	2	3	3	4

根据作物对微量元素敏感的临界水平（表 6-8）判断，武强县土壤微量元素含量均在作物适宜水平以上，尤以有效铁、有效锰、有效铜含量相对较高。目前，常用的锌、锰、铜、铁、钼肥主要是硫酸盐类和铵盐类化合物，以及由其配制的各种冲施肥和叶面肥。硫酸盐类和铵盐类化合物可用作基施、追肥、蘸根、叶面喷施、浸种，以基施效果最佳，一般每公顷用量为硫酸锌、硫酸锰、硫酸铜 15～20 kg，硼砂、硼酸 15～25 kg，钼酸铵 15～30 kg。在土壤微量元素含量较低或对微量元素敏感的作物上施用微肥能起到明显提高作物产量和改善收获器官品质的效果，微肥的应用应结合不同区域类型的土壤养分含量状况。

表 6-8　作物对微量元素敏感的临界阈值

土壤养分	适宜	边缘值	缺乏
有效铁/(mg/kg)	>4.5	2.5～4.5	<2.5
有效锰/(mg/kg)	>1.0	—	<1.0
有效铜/(mg/kg)	>0.2	—	<0.2
有效锌/(mg/kg)	>1.0	0.3～1.0	<0.3
有效硼/(mg/kg)	>0.5	0.25～0.5	<0.25
有效钼/(mg/kg)	>0.5	0.1～0.5	<0.1

第五节　不同质地土壤养分含量

土壤质地是指土壤中各粒级占土壤重量的百分比组合。土壤质地是土壤的最基本物理性质之一，对土壤的各种性状，如土壤的通透性、保蓄性、耕性以及养分含量等都有很大的影响，是评价土壤肥力和作物适宜性的重要依据。不同的土壤质地往往具有明显不同的农业生产性状，了解土壤的质地类型，对农业生产具有指导价值。本书主要分析了 2009 年和 2022 年武强县轻壤、中壤、重壤 3 种质地土壤中的有机质、全氮、有效磷、速效钾、缓效钾、有效铁、有效锰、有效铜、有效锌和有效硼等养分含量的变化情况。

一、轻壤质地土壤养分含量

武强县轻壤质地土壤大量养分含量状况见表 6-9。2009 年武强县轻壤质地土壤有机质含量平均值为 15.16 g/kg，范围在 9.49～30.67 g/kg，变异系数 24.93%；大量元素中全氮含量平均值为 1.05 g/kg，范围在 0.40～2.57 g/kg，变异系数 35.24%；有效磷含量平均值为 24.21 mg/kg，范围在 18.43～29.89 mg/kg，变异系数 13.42%；速效钾含量平均值 113.26 mg/kg，范围在 90.57～136.01 mg/kg，变异系数 9.95%；缓效钾含量平均值为 965.51 mg/kg，范围在 718.53～1 173.80 mg/kg，变异系数 11.15%。

2022 年武强县轻壤质地土壤有机质含量平均值为 20.61 g/kg，范围在 15.24～27.10 g/kg，变异系数 29.16%；大量元素中全氮含量平均值为 1.29 g/kg，范围在 1.10～1.63 g/kg，变异系数 22.48%；有效磷含量平均值为 53.43 mg/kg，范围在 14.45～123.07 mg/kg，变异系数 113.16%；速效钾含量平均值为 240.72 mg/kg，范围在 151.10～306.20 mg/kg，变异系数 33.37%；缓效钾含量平均值为 773.60 mg/kg，范

围在 721.56～924.36 mg/kg，变异系数 17.15%。

总体来看，2022 年武强县轻壤质地耕地土壤中有机质、全氮、有效磷、速效钾含量与 2009 年相比均呈现上升趋势，缓效钾含量与 2009 年相比有所下降。

表 6-9 武强县轻壤质地土壤大量养分含量统计

年份	指标	有机质/（g/kg）	全氮/（g/kg）	有效磷/（mg/kg）	速效钾/（mg/kg）	缓效钾/（mg/kg）
2009	最大值	30.67	2.57	29.89	136.01	1 173.80
	最小值	9.49	0.40	18.43	90.57	718.53
	平均值	15.16	1.05	24.21	113.26	965.51
	标准差	3.78	0.37	3.25	11.27	107.67
	变异系数/%	24.93	35.24	13.42	9.95	11.15
2022	最大值	27.10	1.63	123.07	306.20	924.36
	最小值	15.24	1.10	14.45	151.10	721.56
	平均值	20.61	1.29	53.43	240.72	773.60
	标准差	6.01	0.29	60.46	80.32	132.64
	变异系数/%	29.16	22.48	113.16	33.37	17.15

武强县轻壤质地土壤中微量养分含量状况见表 6-10。2009 年武强县轻壤质地土壤中量元素中有效硫含量平均值为 63.81 mg/kg，范围在 16.44～145.21 mg/kg，变异系数 48.77%；微量元素中有效铁含量平均值为 5.87 mg/kg，范围在 2.20～12.78 mg/kg，变异系数 38.33%；有效锰含量平均值为 5.40mg/kg，范围在 2.37～10.45 mg/kg，变异系数 32.96%；有效铜含量平均值为 1.11 mg/kg，范围在 0.16～2.11 mg/kg，变异系数 31.53%；有效锌含量平均值为 1.03 mg/kg，范围在 0.25～2.64 mg/kg，变异系数 48.54%；有效硼含量平均值为 0.91 mg/kg，范围在 0.15～1.69 mg/kg，变异系数 36.26%。

表 6-10 武强县轻壤质地土壤中微量养分含量统计 　　　　　　　单位：mg/kg

年份	指标	有效硫	有效铁	有效锰	有效铜	有效锌	有效硼
2009	最大值	145.21	12.78	10.45	2.11	2.64	1.69
	最小值	16.44	2.20	2.37	0.16	0.25	0.15
	平均值	63.81	5.87	5.40	1.11	1.03	0.91
	标准差	31.12	2.25	1.78	0.35	0.50	0.33
	变异系数/%	48.77	38.33	32.96	31.53	48.54	36.26

二、中壤质地土壤养分含量

武强县中壤质地土壤大量养分含量状况见表6-11。2009年武强县中壤质地土壤养分中有机质含量平均值为14.23 g/kg，范围在6.77~25.82 g/kg，变异系数20.45%；大量元素中全氮含量平均值为1.00 g/kg，范围在0.33~2.64 g/kg，变异系数32%；有效磷含量平均值为23.38 mg/kg，范围在17.71~32.16 mg/kg，变异系数12.40%；速效钾含量平均值为112.16 mg/kg，范围在90.47~139.25 mg/kg，变异系数8.58%；缓效钾含量平均值为946.59 mg/kg，范围在565.53~1 193.26 mg/kg，变异系数14.13%。

2022年武强县中壤质地土壤养分中有机质含量平均值为21.12 g/kg，范围在7.56~34.00 g/kg，变异系数31.01%；大量元素中全氮含量平均值为1.32 g/kg，范围在0.51~2.39 g/kg，变异系数33.33%；有效磷含量平均值为36.03 mg/kg，范围在5.11~118.17 mg/kg，变异系数75.80%；速效钾含量平均值为252.21 mg/kg，范围在120.08~461.30 mg/kg，变异系数35.76%；缓效钾含量平均值为1 082.75 mg/kg，范围在836.30~1 429.36 mg/kg，变异系数16.45%。

总体来看，2022年武强县中壤质地耕地土壤中有机质、全氮、有效磷、速效钾、缓效钾含量与2009年相比均呈现上升趋势。

表6-11 武强县中壤质地土壤大量养分含量统计

年份	指标	有机质/（g/kg）	全氮/（g/kg）	有效磷/（mg/kg）	速效钾/（mg/kg）	缓效钾/（mg/kg）
2009	最大值	25.82	2.64	32.16	139.25	1 193.26
	最小值	6.77	0.33	17.71	90.47	565.53
	平均值	14.23	1.00	23.38	112.16	946.59
	标准差	2.91	0.32	2.90	9.62	133.74
	变异系数/%	20.45	32.00	12.40	8.58	14.13
2022	最大值	34.00	2.39	118.17	461.30	1 429.36
	最小值	7.56	0.51	5.11	120.08	836.30
	平均值	21.12	1.32	36.03	252.21	1 082.75
	标准差	6.55	0.44	27.31	90.18	178.12
	变异系数/%	31.01	33.33	75.80	35.76	16.45

武强县中壤质地土壤中微量养分含量状况见表6-12。2009年武强县中壤质地土壤中量元素中有效硫含量平均值为63.69 mg/kg，范围在31.75~171.90 mg/kg，变异系数45.56%；微量元素中有效铁含量平均值为5.58 mg/kg，范围在1.65~12.21 mg/kg，

变异系数 37.46%；有效锰含量平均值为 5.36 mg/kg，范围在 1.94～12.76 mg/kg，变异系数 35.63%；有效铜含量平均值为 1.23 mg/kg，范围在 0.16～2.76 mg/kg，变异系数 31.71%；有效锌含量平均值为 1.03 mg/kg，范围在 0.27～3.37 mg/kg，变异系数 56.31%；有效硼含量平均值为 0.86 mg/kg，范围在 0.15～1.78 mg/kg，变异系数 36.05%。

2022 年武强县中壤质地土壤中微量元素中有效硫含量平均值为 6.67 mg/kg，范围在 6.55～6.78 mg/kg，变异系数 2.40%；微量元素中有效铁含量平均值为 14.13 mg/kg，范围在 14.03～14.23 mg/kg，变异系数 0.99%；有效锰含量平均值为 12.57 mg/kg，范围在 11.71～13.42 mg/kg，变异系数 9.71%；有效铜含量平均值为 1.67 mg/kg，范围在 1.58～1.76 mg/kg，变异系数 7.19%；有效锌含量平均值为 3.13 mg/kg，范围在 3.07～3.20 mg/kg，变异系数 2.88%；有效硼含量平均值为 0.69 mg/kg，范围在 0.65～0.72 mg/kg，变异系数 7.25%。

总体来看，2022 年武强县中壤质地耕地土壤有效铁、有效锰、有效铜、有效锌含量与 2009 年相比均呈现上升趋势，有效硫、有效硼含量与 2009 年相比有所下降。

表 6-12　武强县中壤质地土壤中微量养分含量统计　　　　单位：mg/kg

年份	指标	有效硫	有效铁	有效锰	有效铜	有效锌	有效硼
	最大值	171.90	12.21	12.76	2.76	3.37	1.78
	最小值	31.75	1.65	1.94	0.16	0.27	0.15
2009	平均值	63.69	5.58	5.36	1.23	1.03	0.86
	标准差	29.02	2.09	1.91	0.39	0.58	0.31
	变异系数/%	45.56	37.46	35.63	31.71	56.31	36.05
	最大值	6.78	14.23	13.42	1.76	3.20	0.72
	最小值	6.55	14.03	11.71	1.58	3.07	0.65
2022	平均值	6.67	14.13	12.57	1.67	3.13	0.69
	标准差	0.16	0.14	1.22	0.12	0.09	0.05
	变异系数/%	2.40	0.99	9.71	7.19	2.88	7.25

三、重壤质地土壤养分含量

武强县重壤质地土壤大量养分含量状况见表 6-13。2009 年武强县重壤质地土壤养分中有机质含量平均值为 14.14 g/kg，范围在 7.78～28.53 g/kg，变异系数 20.65%；大量元素中全氮含量平均值为 0.98 g/kg，范围在 0.34～2.48 g/kg，变异系数 30.61%；

有效磷含量平均值为 24.12 mg/kg，范围在 17.83～32 mg/kg，变异系数 14.18%；速效钾含量平均值为 111.65 mg/kg，范围在 92.76～142.92 mg/kg，变异系数 8.87%；缓效钾含量平均值为 931.46 mg/kg，范围在 591.63～1 205.84 mg/kg，变异系数 12.03%。

2022 年武强县重壤质地土壤养分中有机质含量平均值为 18.51 g/kg，范围在 10.56～31.76 g/kg，变异系数 28.53%；大量元素中全氮含量平均值为 1.18 g/kg，范围在 0.72～1.77 g/kg，变异系数 23.73%；有效磷含量平均值为 21.71 mg/kg，范围在 6.77～52.65 mg/kg，变异系数 60.20%；速效钾含量平均值为 241.58 mg/kg，范围在 120.08～450.96 mg/kg，变异系数 36.67%；缓效钾含量平均值为 981.26 mg/kg，范围在 704.88～1 310.28 mg/kg，变异系数 18.76%。

总体来看，2022 年武强县重壤质地耕地土壤中有机质、全氮、速效钾、缓效钾与 2009 年相比均呈现上升趋势，有效磷含量与 2009 年相比略有下降。

表 6-13　武强县重壤质地土壤大量养分含量统计

年份	指标	有机质/（g/kg）	全氮/（g/kg）	有效磷/（mg/kg）	速效钾/（mg/kg）	缓效钾/（mg/kg）
2009	最大值	28.53	2.48	32.00	142.92	1 205.84
	最小值	7.78	0.34	17.83	92.76	591.63
	平均值	14.14	0.98	24.12	111.65	931.46
	标准差	2.92	0.30	3.42	9.90	112.10
	变异系数/%	20.65	30.61	14.18	8.87	12.03
2022	最大值	31.76	1.77	52.65	450.96	1 310.28
	最小值	10.56	0.72	6.77	120.08	704.88
	平均值	18.51	1.18	21.71	241.58	981.26
	标准差	5.28	0.28	13.07	88.59	184.06
	变异系数/%	28.53	23.73	60.20	36.67	18.76

武强县重壤质地土壤中微量养分含量状况见表 6-14。2009 年武强县重壤质地土壤养分中量元素中有效硫含量平均值为 74.44 mg/kg，范围在 29.94～214.63 mg/kg，变异系数 52.02%；微量元素中有效铁含量平均值为 5.54 mg/kg，范围在 2.20～13.65 mg/kg，变异系数 37.91%；有效锰含量平均值为 5.32 mg/kg，范围在 1.52～13.78 mg/kg，变异系数 43.05%；有效铜含量平均值为 1.22 mg/kg，范围在 0.16～2.57 mg/kg，变异系数 26.23%；有效锌含量平均值为 0.94 mg/kg，范围在 0.13～2.67 mg/kg，变异系数 50%；有效硼含量平均值为 0.90 mg/kg，范围在 0.15～1.87 mg/kg，变异系数 30%。

2022 年武强县重壤质地土壤养分中量元素中有效硫含量平均值为 10.83 mg/kg，范围在 3.61～18.63 mg/kg，变异系数 69.53%。微量元素中有效铁含量平均值为 14.50 mg/kg，范围在 11.92～18.52 mg/kg，变异系数 24.34%；有效锰含量平均值为 12.59 mg/kg，范围在 10.85～13.83 mg/kg，变异系数 12.39%；有效铜含量平均值为 1.45 mg/kg，范围在 1.27～1.62 mg/kg，变异系数 12.41%；有效锌含量平均值为 1.08 mg/kg，范围在 0.83～1.25 mg/kg，变异系数 20.37%；有效硼含量平均值为 0.70 mg/kg，范围在 0.54～0.85 mg/kg，变异系数 22.86%。

总体来看，2022 年武强县重壤质地耕地土壤中有效铁、有效锰、有效铜、有效锌含量与 2009 年相比均呈现上升趋势，有效硫、有效硼含量与 2009 年相比有所下降。

表 6-14　武强县重壤质地土壤中微量养分含量统计

年份	指标	有效硫/（mg/kg）	有效铁/（mg/kg）	有效锰/（mg/kg）	有效铜/（mg/kg）	有效锌/（mg/kg）	有效硼/（mg/kg）
2009	最大值	214.63	13.65	13.78	2.57	2.67	1.87
	最小值	29.94	2.20	1.52	0.16	0.13	0.15
	平均值	74.44	5.54	5.32	1.22	0.94	0.90
	标准差	38.72	2.10	2.29	0.32	0.47	0.27
	变异系数/%	52.02	37.91	43.05	26.23	50.00	30.00
2022	最大值	18.63	18.52	13.83	1.62	1.25	0.85
	最小值	3.61	11.92	10.85	1.27	0.83	0.54
	平均值	10.83	14.50	12.59	1.45	1.08	0.70
	标准差	7.53	3.53	1.56	0.18	0.22	0.16
	变异系数/%	69.53	24.34	12.39	12.41	20.37	22.86

第六节　其他属性

一、土壤容重

土壤容重是影响作物生长的重要的土壤性质之一。土壤容重大小受质地、结构性和松紧度等的影响。在一定范围内，容重越小，土壤疏松多孔，结构性良好，适宜作物生长；反之，容重越大，土壤紧实板硬、缺少团粒结构，对作物生长产生不良影响。2009 年调研数据显示（图 6-6），武强县土壤耕层容重范围在 1.29～1.38 g/cm³，平均值为 1.32 g/cm³，所有乡镇的土壤耕层容重差异较小。2022 年调研数据表明，武强县土壤耕层容重范围在 1.29~1.36 g/cm³，平均值为 1.33 g/cm³。总体来看，2022 年的土壤容重与 2009 年基本接近，变化不大。

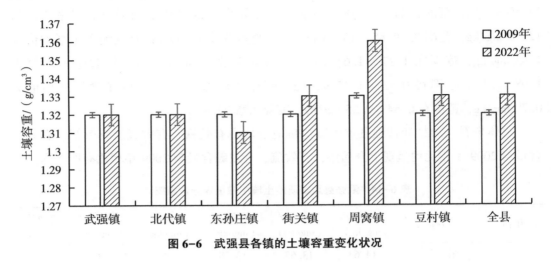

图 6-6　武强县各镇的土壤容重变化状况

依据河北省《耕地地力主要指标分级诊断标准》（DB 13/T 5406—2021），2009 年调查的武强县耕地土壤容重大多属于 2 级（表 6-15），土壤容重（1.25，1.35］g/cm³ 或≤1.0 g/cm³ 的 2 级地面积 29 204.03 hm²，占总耕地面积的 96.52%；土壤容重为（1.35，1.45］g/cm³ 的 3 级地面积 1 053.78 hm²，占总耕地面积的 3.48%。2022 年调查的武强县耕地土壤容重仍大多属于 2 级，土壤容重为（1.25，1.35］g/cm³ 或≤1.0 g/cm³ 的 2 级地面积 26 193.06 hm²，占总耕地面积的 86.57%；土壤容重为（1.35，1.45］g/cm³ 的 3 级地面积 4 064.85 hm²，占总耕地面积的 13.43%。2022 年的土壤容重 2 级的耕地面积占比较 2009 年减少 9.95 个百分点，而 2022 年的土壤容重 3 级的耕地面积占比较 2009 年增加 9.95 个百分点，说明武强县 2022 年的大部分土壤容重较 2009 年增加，耕层土壤变得板结硬实，不利于作物根系下扎。

表 6-15　各级别土壤容重的耕地面积和占比统计

级别	土壤容重/（g/cm³）	2009 年		2022 年	
		耕地面积/hm²	占总耕地/%	耕地面积/hm²	占总耕地/%
1	（1.00，1.25］	0	0	0	0
2	（1.25，1.35］，≤1.00	29 204.03	96.52	26 193.06	86.57
3	（1.35，1.45］	1 053.78	3.48	4 064.85	13.43
4	（1.45，1.55］	0	0	0	0
5	＞1.55	0	0	0	0

二、土壤 pH 值

土壤酸碱性是土壤化学性质、盐基状况的综合反映，也是影响土壤肥力的重要因素之一。土壤中养分的转化和供应，微量元素的有效性和微生物活动，都与土壤酸碱性有关。土壤酸碱性的主要指标用 pH 值来表示。2009 年调研数据显示（图 6-7），武强县土壤 pH 值范围在 7.80～8.50，平均值为 8.15。其中，东孙庄镇的土壤 pH 值高于全县的平均值，为 8.25。2022 年调研数据显示，武强县土壤 pH 值范围在 7.93～8.51，平均值为 8.28。其中，武强镇、周窝镇、豆村镇的土壤 pH 值均高于全县的平均值，分别为 8.30、8.38、8.38，以周窝镇和豆村镇最高。2022 年全县的土壤 pH 值比 2009 年增加 0.13 个单位，说明武强县土壤有碱化趋势。

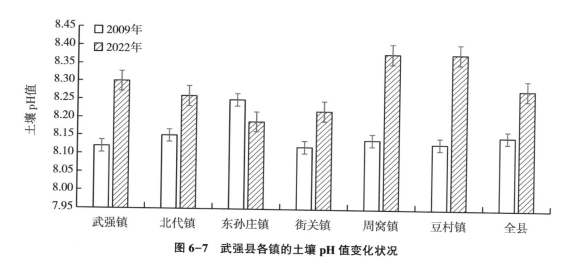

图 6-7　武强县各镇的土壤 pH 值变化状况

依据河北省《耕地地力主要指标分级诊断标准》（DB 13/T 5406—2021），2009 年调查的武强县耕地土壤 pH 值大多属于 3 级（表 6-16），pH 值为（7.5，8.0］的 2 级地面积 5 053.70 hm²，占总耕地面积的 16.70%；pH 值为（8.0，8.5］的 3 级地面积 25 204.21 hm²，占总耕地面积的 83.30%。2022 年调查的全县耕地土壤 pH 值全部属于 3 级，pH 值为（8.0，8.5］的 3 级地面积 30 257.91 hm²，占总耕地面积的 100%。2022 年全县的土壤 pH 值在（8.0，8.5］的耕地面积和占总耕地的比例分别比 2009 年增加 5 053.70 hm² 和 16.70%。

表 6-16　各级别土壤 pH 值的耕地面积和占比统计

级别	pH	2009 年		2022 年	
		耕地面积/hm²	占总耕地/%	耕地面积/hm²	占总耕地/%
1	(6.5, 7.5]	0	0	0	0
2	(7.5, 8.0]	5 053.70	16.70	0	0
3	(8.0, 8.5]	25 204.21	83.30	30 257.91	100
4	(8.5, 9.0]	0	0	0	0
5	>9.0	0	0	0	0

第七章 耕地质量评价

第一节 耕地质量综合等级时间演变特征

武强县下辖武强镇、北代镇、东孙庄镇、街关镇、周窝镇和豆村镇 6 个镇。根据 2008—2009 年耕地质量调查数据汇总成 2009 年评价结果数据，2021—2022 年耕地质量调查数据汇总成 2022 年评价结果数据。

一、耕地质量综合等级时间变化特征

表 7-1 表明，2009 年和 2022 年武强县耕地质量评价等级均为 4～6 级，无 1～3 级和 7～10 级地。2009 年耕地质量等级为 4～6 级，耕地面积分别为 1 105.77 hm²、25 557.83 hm² 和 3 499.40 hm²。2022 年耕地质量等级为 4～5 级，耕地面积分别为 18 414.07 hm² 和 11 748.93 hm²。与 2009 年比较，2022 年 4 级耕地面积增加 17 308.30 hm²，占总耕地面积的 57.38%；5 级和 6 级耕地面积分别减少 13 808.90 hm² 和 3 499.40 hm²，占总耕地面积的 45.78% 和 11.60%。

表 7-1 武强县 2009 年与 2022 年耕地质量等级比较

等级	2009 年		2022 年		增减	
	耕地面积/hm²	占总耕地/%	耕地面积/hm²	占总耕地/%	耕地面积/hm²	占总耕地/%
4	1 105.77	3.67	18 414.07	61.05	17 308.30	57.38
5	25 557.83	84.73	11 748.93	38.95	−13 808.90	−45.78
6	3 499.40	11.60	0.00	0.00	−3 499.40	−11.60

二、耕地质量综合等级空间变化特征

（一）4 级地耕地质量特征

1. 空间分布

4 级地在武强县的具体分布见表 7-2。2009 年，武强县 4 级地面积为 1 105.77 hm²，

占耕地总面积的 3.67%；2022 年，4 级地面积为 18 414.07 hm², 占耕地总面积的 61.05%，4 级地面积明显增加。2009—2022 年，武强镇、北代镇、东孙庄镇、街关镇、周窝镇和豆村镇 4 级地面积明显增加，其中街关镇面积增加最多，为 6 043.95 hm²，其次是周窝镇，增加 2 862.30 hm²，分别占 4 级地面积的 32.82% 和 15.54%。

表 7-2　武强县 4 级地的面积与分布

乡镇	2009 年		2022 年	
	面积/hm²	占 4 级地面积/%	面积/hm²	占 4 级地面积/%
武强镇	174.42	15.77	1 944.21	10.56
北代镇	271.69	24.57	3 016.75	16.38
东孙庄镇	388.37	35.12	1 816.62	9.87
街关镇	100.17	9.06	6 144.12	33.37
周窝镇	109.82	9.94	2 972.12	16.13
豆村镇	61.30	5.54	2 520.25	13.69
全县	1 105.77	100.00	18 414.07	100.00

2. 属性特征

（1）灌溉能力。利用耕地质量等级图对灌溉能力栅格数据进行区域统计（表 7-3）得知，武强县 4 级地灌溉能力均处于“基本满足”状态。用行政区划图与耕地质量等级图叠加联合形成行政区划耕地质量等级综合图，对灌溉能力栅格数据进行区域统计分析，2009 年和 2022 年灌溉能力“基本满足”状态在各镇均有出现，其中街关镇面积增加最多，为 6 043.95 hm²。4 级地中，2022 年处于“基本满足”状态耕地面积较 2009 年增加 17 308.30 hm²。

表 7-3　武强县灌溉能力 4 级地行政区划分布比较　　　　　　　　单位：hm²

乡镇	2009 年				2022 年			
	充分满足	满足	基本满足	不满足	充分满足	满足	基本满足	不满足
武强镇	—	—	174.42	—	—	—	1 944.21	—
北代镇	—	—	271.69	—	—	—	3 016.75	—
东孙庄镇	—	—	388.37	—	—	—	1 816.63	—
街关镇	—	—	100.17	—	—	—	6 144.11	—
周窝镇	—	—	109.82	—	—	—	2 972.12	—
豆村镇	—	—	61.30	—	—	—	2 520.25	—
全县	—	—	1 105.77	—	—	—	18 414.07	—

（2）耕层质地。利用耕地质量等级图对耕层质地栅格数据进行区域统计（表7-4）得知，武强县4级地耕层质地处于"中壤""轻壤"和"重壤"状态。用行政区划图与耕地质量等级图叠加联合形成行政区划耕地质量等级综合图，对耕层质地栅格数据进行区域统计分析，4级地中，2022年处于"中壤""轻壤""重壤"状态耕地面积较2009年分别增加8 153.51 hm²、1 842.79 hm²和7 312.00 hm²。

表7-4　武强县耕层质地4级地行政区划分布比较　　　　　单位：hm²

乡镇	2009年			2022年		
	中壤	轻壤	重壤	中壤	轻壤	重壤
武强镇	174.42	—	—	1 799.81	41.32	103.07
北代镇	271.69	—	—	2 080.16	133.55	803.04
东孙庄镇	388.37	—	—	1 200.05	212.66	403.92
街关镇	100.17	—	—	1 970.89	1 268.40	2 904.83
周窝镇	109.82	—	—	1 080.39	175.05	1 716.68
豆村镇	61.30	—	—	1 127.98	11.81	1 380.46
全县	1 105.77	—	—	9 259.28	1 842.79	7 312.00

（3）质地构型。利用耕地质量等级图对质地构型栅格数据进行区域统计（表7-5）得知，武强县4级地质地构型处于"上松下紧型"和"紧实型"状态。用行政区划图与耕地质量等级图叠加联合形成行政区划耕地质量等级综合图，对质地构型栅格数据进行区域统计分析，4级地中，2022年处于"上松下紧型"和"紧实型"状态耕地面积较2009年分别增加9 686.76 hm²和7 621.54 hm²。

表7-5　武强县质地构型4级地行政区划分布比较　　　　　单位：hm²

乡镇	2009年		2022年	
	上松下紧型	紧实型	上松下紧型	紧实型
武强镇	174.42	—	1 294.74	649.47
北代镇	271.69	—	2 084.36	932.39
东孙庄镇	388.37	—	1 816.63	—
街关镇	—	100.17	1 776.86	4 367.26
周窝镇	109.82	—	1 987.28	984.84
豆村镇	61.30	—	1 732.49	787.75
全县	1 005.60	100.17	10 692.36	7 721.71

（4）有机质含量。利用耕地质量等级图对土壤有机质含量栅格数据进行区域统计（表7-6）得知，武强县4级地2009年土壤有机质含量平均为18.5 g/kg，2022年为19.8 g/kg。利用行政区划图与耕地质量等级图叠加联合形成行政区划耕地质量等级综合图，对土壤有机质含量栅格数据进行区域统计分析，4级地中，2009年土壤有机质含量变化幅度在16.0～25.8 g/kg，2022年在16.5～22.8 g/kg；与2009年比较，2022年土壤有机质含量（平均值）增加1.3 g/kg，提升7.03%。

表7-6 武强县有机质含量4级地行政区划分布比较　　　　单位：g/kg

乡镇	2009年			2022年		
	平均值	最大值	最小值	平均值	最大值	最小值
武强镇	18.3	20.8	16.5	17.8	19.2	16.5
北代镇	18.4	19.3	16.5	19.7	22.6	16.7
东孙庄镇	17.9	20.1	16.0	20.3	21.6	19.1
街关镇	16.8	16.8	16.8	21.1	22.8	18.7
周窝镇	16.1	16.1	16.1	20.2	22.4	18.4
豆村镇	23.6	25.8	19.3	18.8	21.0	17.9
全县	18.5	25.8	16.0	19.8	22.8	16.5

（5）地形部位。利用耕地质量等级图对地形部位栅格数据进行区域统计（表7-7）得知，武强县4级地地形部位均处于"低海拔冲积洼地"状态。用行政区划图与耕地质量等级图叠加联合形成行政区划耕地质量等级综合图，对地形部位栅格数据进行区域统计分析，4级地中，2022年处于"低海拔冲积洼地"状态耕地面积较2009年增加17 308.30 hm²。

表7-7 武强县地形部位（低海拔冲积洼地）4级地行政区划分布比较　　　　单位：hm²

乡镇	2009年	2022年
武强镇	174.42	1 944.21
北代镇	271.69	3 016.75
东孙庄镇	388.37	1 816.63
街关镇	100.17	6 144.11
周窝镇	109.82	2 972.12
豆村镇	61.30	2 520.25
全县	1 105.77	18 414.07

（6）盐渍化程度。利用耕地质量等级图对盐渍化程度栅格数据进行区域统计（表7-8）得知，武强县4级地盐渍化程度为"无"和"轻度"状态。用行政区划图与耕地质量等级图叠加联合形成行政区划耕地质量等级综合图，对盐渍化程度栅格数据进行区域统计分析，4级地中，2022年盐渍化程度"无"和"轻度"状态耕地面积较2009年分别增加16 922.23 hm² 和386.07 hm²。

表7-8　武强县盐渍化程度4级地行政区划分布比较　　　　　　单位：hm²

乡镇	2009年		2022年	
	无	轻度	无	轻度
武强镇	174.42	—	1 944.21	—
北代镇	271.69	—	3 016.75	—
东孙庄镇	388.37	—	1 430.56	386.07
街关镇	100.17	—	6 144.11	—
周窝镇	109.82	—	2 972.12	—
豆村镇	61.30	—	2 520.25	—
全县	1 105.77	—	18 028.00	386.07

（7）排水能力。利用耕地质量等级图对排水能力栅格数据进行区域统计（表7-9）得知，武强县4级地排水能力均处于"基本满足"状态。用行政区划图与耕地质量等级图叠加联合形成行政区划耕地质量等级综合图，对排水能力栅格数据进行区域统计分析，4级地中，2022年处于"基本满足"状态耕地面积较2009年增加17 308.30 hm²。

表7-9　武强县排水能力（基本满足）4级地行政区划分布比较　　　　单位：hm²

乡镇	2009年	2022年
武强镇	174.42	1 944.21
北代镇	271.69	3 016.75
东孙庄镇	388.37	1 816.63
街关镇	100.17	6 144.11
周窝镇	109.82	2 972.12
豆村镇	61.30	2 520.25
全县	1 105.77	18 414.07

（8）有效磷含量。利用耕地质量等级图对土壤有效磷含量栅格数据进行区域统计

（表7-10）得知，武强县4级地2009年土壤有效磷含量平均为23.2 mg/kg，2022年为31.8 mg/kg。利用行政区划图与耕地质量等级图叠加联合形成行政区划耕地质量等级综合图，对土壤有效磷含量栅格数据进行区域统计分析，4级地中，2009年土壤有效磷含量变化幅度在17.7～29.6 mg/kg，2022年在15.2～51.6 mg/kg；与2009年比较，2022年土壤有效磷含量（平均值）增加8.6 mg/kg，提升37.07%。

表7-10　武强县有效磷含量4级地行政区划分布比较　　　单位：mg/kg

乡镇	2009年			2022年		
	平均值	最大值	最小值	平均值	最大值	最小值
武强镇	20.1	20.2	19.9	18.7	24.3	15.2
北代镇	23.6	29.6	18.3	30.1	51.0	17.8
东孙庄镇	25.9	27.2	25.2	35.9	41.2	27.5
街关镇	26.1	26.1	26.1	41.1	51.6	34.1
周窝镇	23.5	23.5	23.5	36.6	49.7	30.7
豆村镇	18.2	18.4	17.7	23.0	36.6	19.2
全县	23.2	29.6	17.7	31.8	51.6	15.2

（9）速效钾含量。利用耕地质量等级图对土壤速效钾含量栅格数据进行区域统计（表7-11）得知，武强县4级地2009年土壤速效钾含量平均为111 mg/kg，2022年为248 mg/kg。利用行政区划图与耕地质量等级图叠加联合形成行政区划耕地质量等级综合图，对土壤速效钾含量栅格数据进行区域统计分析，4级地中，2009年土壤速效钾含量变化幅度在98～139 mg/kg，2022年在193～371 mg/kg；与2009年比较，2022年土壤速效钾含量（平均值）增加137 mg/kg，提升123.42%。

表7-11　武强县速效钾含量4级地行政区划分布比较　　　单位：mg/kg

乡镇	2009年			2022年		
	平均值	最大值	最小值	平均值	最大值	最小值
武强镇	103	106	98	222	260	193
北代镇	107	113	102	285	371	226
东孙庄镇	116	117	115	260	301	242
街关镇	139	139	139	250	281	217
周窝镇	116	116	116	237	291	193
豆村镇	109	113	107	232	302	193
全县	111	139	98	248	371	193

（10）pH 值。利用耕地质量等级图对土壤 pH 值栅格数据进行区域统计（表 7-12）得知，武强县 4 级地 2009 年土壤 pH 值平均为 8.0，2022 年为 8.3。利用行政区划图与耕地质量等级图叠加联合形成行政区划耕地质量等级综合图，对土壤 pH 值栅格数据进行区域统计分析，4 级地中，2009 年土壤 pH 值变化幅度为 7.6～8.4，2022年为 8.2～8.4；与 2009 年比较，2022 年土壤 pH 值（平均值）增加 0.3 个单位。

表 7-12　武强县土壤 pH 值 4 级地行政区划分布比较

乡镇	2009 年			2022 年		
	平均值	最大值	最小值	平均值	最大值	最小值
武强镇	8.0	8.2	7.9	8.3	8.3	8.3
北代镇	7.7	7.8	7.6	8.3	8.3	8.2
东孙庄镇	8.2	8.4	8.1	8.2	8.2	8.2
街关镇	7.9	7.9	7.9	8.3	8.3	8.2
周窝镇	8.1	8.1	8.1	8.3	8.3	8.2
豆村镇	8.2	8.3	8.2	8.3	8.4	8.3
全县	8.0	8.4	7.6	8.3	8.4	8.2

（11）有效土层厚度。利用耕地质量等级图对有效土层厚度栅格数据进行区域统计（表 7-13）得知，武强县 4 级地有效土层厚度均为 30～60 cm。用行政区划图与耕地质量等级图叠加联合形成行政区划耕地质量等级综合图，对有效土层厚度栅格数据进行区域统计分析，4 级地中，2022 年有效土层厚度 30～60 cm 耕地面积较 2009 年增加17 308.30 hm²。

表 7-13　武强县有效土层厚度（30～60 cm）4 级地行政区划分布比较　　　单位：hm²

乡镇	2009 年	2022 年
武强镇	174.42	1 944.21
北代镇	271.69	3 016.75
东孙庄镇	388.37	1 816.63
街关镇	100.17	6 144.11
周窝镇	109.82	2 972.12
豆村镇	61.30	2 520.25
全县	1 105.77	18 414.07

（12）土壤容重。利用耕地质量等级图对土壤容重栅格数据进行区域统计（7-14）得

知，武强县 4 级地 2009 年土壤容重平均为 1.31 g/cm³，2022 年为 1.33 g/cm³。利用行政区划图与耕地质量等级图叠加联合形成行政区划耕地质量等级综合图，对土壤容重栅格数据进行区域统计分析，4 级地中，2009 年土壤容重变化幅度在 1.29～1.34 g/cm³，2022 年在 1.29～1.39 g/cm³；与 2009 年比较，2022 年武强县土壤容重（平均值）增加 0.02 g/cm³，上升 1.53%。

表 7-14　武强县土壤容重 4 级地行政区划分布比较　　　　单位：g/cm³

乡镇	2009 年			2022 年		
	平均值	最大值	最小值	平均值	最大值	最小值
武强镇	1.29	1.29	1.29	1.31	1.34	1.29
北代镇	1.32	1.34	1.29	1.32	1.36	1.29
东孙庄镇	1.31	1.32	1.30	1.33	1.34	1.29
街关镇	1.34	1.34	1.34	1.32	1.38	1.29
周窝镇	1.29	1.29	1.29	1.36	1.39	1.32
豆村镇	1.31	1.34	1.30	1.33	1.37	1.29
全县	1.31	1.34	1.29	1.33	1.39	1.29

（13）地下水埋深。利用耕地质量等级图对地下水埋深栅格数据进行区域统计（表 7-15）得知，武强县 4 级地地下水埋深均≥3 m。用行政区划图与耕地质量等级图叠加联合形成行政区划耕地质量等级综合图，对地下水埋深栅格数据进行区域统计分析，4 级地中，2022 年地下水埋深处≥3 m 的耕地面积较 2009 年增加 17 308.30 hm²。

表 7-15　武强县地下水埋深（≥3 m）4 级地行政区划分布比较　　　　单位：hm²

乡镇	2009 年	2022 年
武强镇	174.42	1 944.21
北代镇	271.69	3 016.75
东孙庄镇	388.37	1 816.63
街关镇	100.17	6 144.11
周窝镇	109.82	2 972.12
豆村镇	61.30	2 520.25
全县	1 105.77	18 414.07

（14）障碍因素。利用耕地质量等级图对障碍因素栅格数据进行区域统计（表 7-16）得知，武强县 4 级地均无障碍因素。用行政区划图与耕地质量等级图叠加联

合形成行政区划耕地质量等级综合图，对障碍因素栅格数据进行区域统计分析，4 级地中，2022 年无障碍因素耕地面积较 2009 年增加 17 308.30 hm²。

表 7-16　武强县障碍因素（无）4 级地行政区划分布比较　　　单位：hm²

乡镇	2009 年	2022 年
武强镇	174. 42	1 944.21
北代镇	271. 69	3 016.75
东孙庄镇	388. 37	1 816.63
街关镇	100. 17	6 144.11
周窝镇	109. 82	2 972.12
豆村镇	61. 30	2 520.25
全县	1 105.77	18 414.07

（15）耕层厚度。利用耕地质量等级图对耕层厚度栅格数据进行区域统计（表 7-17）得知，武强县 4 级地耕层厚度均≥20 cm。用行政区划图与耕地质量等级图叠加联合形成行政区划耕地质量等级综合图，对耕层厚度栅格数据进行区域统计分析，4 级地中，2022 年耕层厚度≥20 cm 的耕地面积较 2009 年增加 17 308.30 hm²。

表 7-17　武强县耕层厚度（≥20 cm）4 级地行政区划分布比较　　　单位：hm²

乡镇	2009 年	2022 年
武强镇	174. 42	1 944.21
北代镇	271. 69	3 016.75
东孙庄镇	388. 37	1 816.63
街关镇	100. 17	6 144.11
周窝镇	109. 82	2 972.12
豆村镇	61. 30	2 520.25
全县	1 105.77	18 414.07

（16）农田林网化。利用耕地质量等级图对农田林网化栅格数据进行区域统计（表 7-18）得知，武强县 4 级地农田林网化均处于"低"状态。用行政区划图与耕地质量等级图叠加联合形成行政区划耕地质量等级综合图，对农田林网化栅格数据进行区域统计分析，4 级地中，2022 年农田林网化处于"低"状态耕地面积较 2009 年增加 17 308.30 hm²。

表 7-18　武强县农田林网化（低）4 级地行政区划分布比较　　　单位：hm²

乡镇	2009 年	2022 年
武强镇	174.42	1 944.21
北代镇	271.69	3 016.75
东孙庄镇	388.37	1 816.63
街关镇	100.17	6 144.11
周窝镇	109.82	2 972.12
豆村镇	61.30	2 520.25
全县	1 105.77	18 414.07

（17）生物多样性。利用耕地质量等级图对生物多样性栅格数据进行区域统计（表 7-19）得知，武强县 4 级地生物多样性均处于"一般"状态。用行政区划图与耕地质量等级图叠加联合形成行政区划耕地质量等级综合图，对生物多样性栅格数据进行区域统计分析，4 级地中，2022 年处于"一般"状态耕地面积较 2009 年增加 17 308.30 hm²。

表 7-19　武强县生物多样性（一般）4 级地行政区划分布比较　　　单位：hm²

乡镇	2009 年	2022 年
武强镇	174.42	1 944.21
北代镇	271.69	3 016.75
东孙庄镇	388.37	1 816.63
街关镇	100.17	6 144.11
周窝镇	109.82	2 972.12
豆村镇	61.30	2 520.25
全县	1 105.77	18 414.07

（18）清洁程度。利用耕地质量等级图对清洁程度栅格数据进行区域统计（表 7-20）得知，武强县 4 级地清洁程度均处于"清洁"状态。用行政区划图与耕地质量等级图叠加联合形成行政区划耕地质量等级综合图，对清洁程度栅格数据进行区域统计分析，4 级地中，2022 年处于"清洁"状态耕地面积较 2009 年增加 17 308.30 hm²。

表 7-20 武强县清洁程度（清洁）4 级地行政区划分布比较　　　单位：hm²

乡镇	2009 年	2022 年
武强镇	174.42	1 944.21
北代镇	271.69	3 016.75
东孙庄镇	388.37	1 816.63
街关镇	100.17	6 144.11
周窝镇	109.82	2 972.12
豆村镇	61.30	2 520.25
全县	1 105.77	18 414.07

（二）5 级地耕地质量特征

1. 空间分布

5 级地在武强县的具体分布见表 7-21。2009 年，武强县 5 级地面积为 25 557.83 hm²，占耕地总面积的 84.73%；2022 年，5 级地面积为 11 748.93 hm²，占耕地总面积的 38.95%，5 级地面积逐渐减少。2009—2022 年，武强县各镇 5 级地面积均逐渐减少，其中东孙庄镇面积减少最多，为 4 360.82 hm²，其次是街关镇，减少 3 483.90 hm²。

表 7-21 武强县 5 级地的面积与分布

乡镇	2009 年		2022 年	
	面积/hm²	占 5 级地面积/%	面积/hm²	占 5 级地面积/%
武强镇	5 003.74	19.58	2 793.90	23.78
北代镇	5 230.45	20.47	4 925.80	41.93
东孙庄镇	4 944.51	19.35	583.69	4.97
街关镇	4 670.28	18.27	1 186.38	10.10
周窝镇	2 847.05	11.14	630.28	5.36
豆村镇	2 861.80	11.19	1 628.88	13.86
全县	25 557.83	100.00	11 748.93	100.00

2. 属性特征

（1）灌溉能力。利用耕地质量等级图对灌溉能力栅格数据进行区域统计（表 7-22）得知，武强县 5 级地灌溉能力均处于"基本满足"状态。用行政区划图与耕地质量等级图叠加联合形成行政区划耕地质量等级综合图，对灌溉能力栅格数据进行区

域统计分析，5 级地中，2022 年处于"基本满足"状态耕地面积较 2009 年减少
13 808.90 hm²。

表 7-22　武强县灌溉能力（基本满足）5 级地行政区划分布比较　　单位：hm²

乡镇	2009 年	2022 年
武强镇	5 003.74	2 793.90
北代镇	5 230.45	4 925.81
东孙庄镇	4 944.51	583.69
街关镇	4 670.28	1 186.38
周窝镇	2 847.05	630.27
豆村镇	2 861.80	1 628.88
全县	25 557.83	11 748.93

（2）耕层质地。利用耕地质量等级图对耕层质地栅格数据进行区域统计
（表 7-23）得知，武强县 5 级地耕层质地处于"中壤""轻壤"和"重壤"状态。用行
政区划图与耕地质量等级图叠加联合形成行政区划耕地质量等级综合图，对耕层质地栅
格数据进行区域统计分析，5 级地中，2022 年处于"中壤""轻壤"和"重壤"状态
耕地面积较 2009 年分别减少 7 418.00 hm²、1 283.59 hm² 和 5 107.31 hm²。

表 7-23　武强县耕层质地 5 级地行政区划分布比较　　单位：hm²

乡镇	2009 年			2022 年		
	轻壤	中壤	重壤	轻壤	中壤	重壤
武强镇	47.62	3 856.30	1 099.81	240.14	1 118.83	1 434.93
北代镇	883.35	1 247.28	3 099.82	1 137.75	1 118.19	2 669.87
东孙庄镇	1 599.25	2 351.46	993.80	8.77	—	574.92
街关镇	118.32	970.35	3 581.62	—	—	1 186.38
周窝镇	65.78	803.11	1 978.16	5.74	—	624.53
豆村镇	—	426.52	2 435.28	38.33	—	1 590.55
全县	2 714.32	9 655.02	13 188.49	1 430.73	2 237.02	8 081.18

（3）质地构型。利用耕地质量等级图对质地构型栅格数据进行区域统计
（表 7-24）得知，武强县 5 级地质地构型处于"上松下紧型"和"紧实型"状态。用行
政区划图与耕地质量等级图叠加联合形成行政区划耕地质量等级综合图，对质地构型栅
格数据进行区域统计分析，5 级地中，2022 年处于"上松下紧型"和"紧实型"状态

耕地面积较 2009 年分别减少 8 890.59 hm² 和 4 918.31 hm²。

表 7-24 武强县质地构型 5 级地行政区划分布比较 单位：hm²

乡镇	2009 年		2022 年	
	上松下紧型	紧实型	上松下紧型	紧实型
武强镇	1 867.87	3 135.86	432.42	2 361.48
北代镇	1 280.52	3 949.93	—	4 925.81
东孙庄镇	1 864.02	3 080.49	583.69	—
街关镇	1 654.35	3 015.93	—	1 186.38
周窝镇	1 614.11	1 232.95	—	630.27
豆村镇	2 211.32	650.48	585.49	1 043.39
全县	10 492.19	15 065.64	1 601.60	10 147.33

（4）有机质含量。利用耕地质量等级图对土壤有机质含量栅格数据进行区域统计（表 7-25）得知，武强县 5 级地 2009 年土壤有机质含量平均为 14.8 g/kg，2022 年为 18.9 g/kg。利用行政区划图与耕地质量等级图叠加联合形成行政区划耕地质量等级综合图，对土壤有机质含量栅格数据进行区域统计分析，5 级地中，2009 年土壤有机质含量变化幅度在 10.0～30.7 g/kg，2022 年在 16.5～22.2 g/kg；与 2009 年比较，2022 年土壤有机质含量（平均值）增加 4.1 g/kg，提升 27.70%。

表 7-25 武强县有机质含量 5 级地行政区划分布比较 单位：g/kg

乡镇	2009 年			2022 年		
	平均值	最大值	最小值	平均值	最大值	最小值
武强镇	14.5	20.5	10.2	17.5	19.5	16.5
北代镇	15.2	21.6	10.0	19.3	21.9	16.6
东孙庄镇	15.5	30.7	10.6	20.4	21.4	19.9
街关镇	14.1	21.8	10.3	21.1	22.2	18.5
周窝镇	14.6	26.1	11.7	19.3	21.6	18.5
豆村镇	14.4	19.4	10.3	18.9	21.6	18.1
全县	14.8	30.7	10.0	18.9	22.2	16.5

（5）地形部位。利用耕地质量等级图对地形部位栅格数据进行区域统计（表 7-26）得知，武强县 5 级地地形部位均处于"低海拔冲积洼地"状态。用行政区划图与耕地质量等级图叠加联合形成行政区划耕地质量等级综合图，对地形部位栅格数据进行

区域统计分析，5 级地中，2022 年处于"低海拔冲积洼地"状态耕地面积较 2009 年减少 13 808.90 hm²。

表 7-26　武强县地形部位（低海拔冲积洼地）5 级地行政区划分布比较　　单位：hm²

乡镇	2009 年	2022 年
武强镇	5 003.74	2 793.90
北代镇	5 230.45	4 925.81
东孙庄镇	4 944.51	583.69
街关镇	4 670.28	1 186.38
周窝镇	2 847.05	630.27
豆村镇	2 861.80	1 628.88
全县	25 557.83	11 748.93

（6）盐渍化程度。利用耕地质量等级图对盐渍化程度栅格数据进行区域统计（表 7-27）得知，武强县 5 级地盐渍化程度为"无"和"轻度"。用行政区划图与耕地质量等级图叠加联合形成行政区划耕地质量等级综合图，对盐渍化程度栅格数据进行区域统计分析，5 级地中，2022 年无盐渍化耕地面积较 2009 年减少 19 499.86 hm²，2022 年轻度盐渍化耕地面积较 2009 年增加 5 690.96 hm²。

表 7-27　武强县盐渍化程度 5 级地行政区划分布比较　　单位：hm²

乡镇	2009 年		2022 年	
	无	轻度	无	轻度
武强镇	5 003.74	—	1 647.47	1 146.43
北代镇	5 230.45	—	964.97	3 960.84
东孙庄镇	4 944.51	—	—	583.69
街关镇	4 670.28	—	1 186.38	—
周窝镇	2 847.05	—	630.27	—
豆村镇	2 861.80	—	1 628.88	—
全县	25 557.83	—	6 057.97	5 690.96

（7）排水能力。利用耕地质量等级图对排水能力栅格数据进行区域统计（表 7-28）得知，武强县 5 级地排水能力均处于"基本满足"状态。用行政区划图与耕地质量等级图叠加联合形成行政区划耕地质量等级综合图，对排水能力栅格数据进行区

域统计分析，5 级地中，2022 年处于"基本满足"状态耕地面积较 2009 年减少 13 808.90 hm²。

表 7-28　武强县排水能力（基本满足）5 级地行政区划分布比较　　　单位：hm²

乡镇	2009 年	2022 年
武强镇	5 003.74	2 793.90
北代镇	5 230.45	4 925.81
东孙庄镇	4 944.51	583.69
街关镇	4 670.28	1 186.38
周窝镇	2 847.05	630.27
豆村镇	2 861.80	1 628.88
全县	25 557.83	11 748.93

（8）有效磷含量。利用耕地质量等级图对土壤有效磷含量栅格数据进行区域统计（表 7-29）得知，武强县 5 级地 2009 年土壤有效磷含量平均为 23.5 mg/kg，2022 年为 26.7 mg/kg。利用行政区划图与耕地质量等级图叠加联合形成行政区划耕地质量等级综合图，对土壤有效磷含量栅格数据进行区域统计分析，5 级地中，2009 年土壤有效磷含量变化幅度在 18.0～32.0 mg/kg，2022 年在 15.2～42.8 mg/kg；与 2009 年比较，2022 年土壤有效磷含量（平均值）增加 3.2 mg/kg，提升 13.62%。

表 7-29　武强县有效磷含量 5 级地行政区划分布比较　　　单位：mg/kg

乡镇	2009 年			2022 年		
	平均值	最大值	最小值	平均值	最大值	最小值
武强镇	21.3	24.7	18.4	17.7	24.5	15.2
北代镇	22.6	30.1	18.4	30.2	42.2	16.3
东孙庄镇	25.6	29.9	21.3	36.4	39.2	34.8
街关镇	26.8	32.0	21.1	40.0	42.8	33.7
周窝镇	24.6	32.0	21.0	34.5	36.8	32.4
豆村镇	21.6	28.1	18.0	23.0	35.1	19.8
全县	23.5	32.0	18.0	26.7	42.8	15.2

（9）速效钾含量。利用耕地质量等级图对土壤速效钾含量栅格数据进行区域统计（表 7-30）得知，武强县 5 级地 2009 年土壤速效钾含量平均为 111 mg/kg，2022 年为

247 mg/kg。利用行政区划图与耕地质量等级图叠加联合形成行政区划耕地质量等级综合图，对土壤速效钾含量栅格数据进行区域统计分析，5 级地中，2009 年土壤速效钾含量变化幅度在 90～142 mg/kg，2022 年在 176～380 mg/kg；与 2009 年比较，2022 年土壤速效钾含量（平均值）增加 136 mg/kg，提升 122.52%。

表 7-30　武强县速效钾含量 5 级地行政区划分布比较　　　　单位：mg/kg

乡镇	2009 年			2022 年		
	平均值	最大值	最小值	平均值	最大值	最小值
武强镇	103	120	90	218	273	186
北代镇	108	126	95	276	380	211
东孙庄镇	118	135	109	255	299	241
街关镇	123	142	107	240	252	213
周窝镇	114	136	101	227	275	200
豆村镇	105	113	101	219	303	176
全县	111	142	90	247	380	176

（10）pH 值。利用耕地质量等级图对土壤 pH 值栅格数据进行区域统计（表 7-31）得知，武强县 5 级地 2009 年土壤 pH 值为 8.2，2022 年为 8.3。利用行政区划图与耕地质量等级图叠加联合形成行政区划耕地质量等级综合图，对土壤 pH 值栅格数据进行区域统计分析，5 级地中，2009 年土壤 pH 值变化幅度在 7.8～8.5，2022 年在 8.2～8.4；与 2009 年比较，2022 年土壤 pH 值（平均值）提高 0.1 个单位。

表 7-31　武强县土壤 pH 值 5 级地行政区划分布比较

乡镇	2009 年			2022 年		
	平均值	最大值	最小值	平均值	最大值	最小值
武强镇	8.1	8.3	7.9	8.3	8.3	8.3
北代镇	8.2	8.4	7.8	8.3	8.3	8.2
东孙庄镇	8.3	8.5	7.9	8.2	8.2	8.2
街关镇	8.1	8.3	7.9	8.3	8.3	8.3
周窝镇	8.1	8.3	7.8	8.3	8.3	8.3
豆村镇	8.1	8.4	7.8	8.3	8.4	8.3
全县	8.2	8.5	7.8	8.3	8.4	8.2

（11）有效土层厚度。利用耕地质量等级图对有效土层厚度栅格数据进行区域统计

（表 7-32）得知，武强县 5 级地有效土层厚均为 30～60 cm。用行政区划图与耕地质量等级图叠加联合形成行政区划耕地质量等级综合图，对有效土层厚栅格数据进行区域统计分析，5 级地中，2022 年有效土层厚度为 30～60 cm 的耕地面积较 2009 年减少 13 808.90 hm²。

表 7-32　武强县土壤有效土层厚度（30～60 cm）5 级地行政区划分布比较　　单位：hm²

乡镇	2009 年	2022 年
武强镇	5 003.74	2 793.90
北代镇	5 230.45	4 925.81
东孙庄镇	4 944.51	583.69
街关镇	4 670.28	1 186.38
周窝镇	2 847.05	630.27
豆村镇	2 861.80	1 628.88
全县	25 557.83	11 748.93

（12）土壤容重。利用耕地质量等级图对土壤容重栅格数据进行区域统计（7-33）得知，武强县 5 级地 2009 年和 2022 年土壤容重均为 1.32 g/cm³。利用行政区划图与耕地质量等级图叠加联合形成行政区划耕地质量等级综合图，对土壤容重栅格数据进行区域统计分析，5 级地中，2009 年土壤容重变化幅度在 1.29～1.38 g/cm³，2022 年在 1.29～1.39 g/cm³；与 2009 年比较，2022 年土壤容重（平均值）无变化。

表 7-33　武强县土壤容重 5 级地行政区划分布比较　　单位：g/cm³

乡镇	2009 年			2022 年		
	平均值	最大值	最小值	平均值	最大值	最小值
武强镇	1.32	1.35	1.29	1.32	1.34	1.29
北代镇	1.32	1.34	1.29	1.32	1.34	1.29
东孙庄镇	1.32	1.34	1.29	1.33	1.34	1.29
街关镇	1.32	1.34	1.29	1.32	1.38	1.30
周窝镇	1.34	1.38	1.29	1.38	1.39	1.34
豆村镇	1.32	1.34	1.29	1.32	1.37	1.29
全县	1.32	1.38	1.29	1.32	1.39	1.29

（13）地下水埋深。利用耕地质量等级图对地下水埋深栅格数据进行区域统计（表 7-34）得知，武强县 5 级地地下水埋深均≥3 m。用行政区划图与耕地质量等级图叠加

联合形成行政区划耕地质量等级综合图，对地下水埋深栅格数据进行区域统计分析，5级地中，2022 年地下水埋深≥3 m 的耕地面积较 2009 年减少 13 808.90 hm²。

表 7-34　武强县地下水埋深（≥3 m）5 级地行政区划分布比较　　单位：hm²

乡镇	2009 年	2022 年
武强镇	5 003.74	2 793.90
北代镇	5 230.45	4 925.81
东孙庄镇	4 944.51	583.69
街关镇	4 670.28	1 186.38
周窝镇	2 847.05	630.27
豆村镇	2 861.80	1 628.88
全县	25 557.83	11 748.93

（14）障碍因素。利用耕地质量等级图对障碍因素栅格数据进行区域统计（表 7-35）得知，武强县 5 级地均无障碍因素。用行政区划图与耕地质量等级图叠加联合形成行政区划耕地质量等级综合图，对障碍因素栅格数据进行区域统计分析，5 级地中，2022 年无障碍因素耕地面积较 2009 年减少 13 808.90 hm²。

表 7-35　武强县土壤障碍因素（无）5 级地行政区划分布比较　　单位：hm²

乡镇	2009 年	2022 年
武强镇	5 003.74	2 793.90
北代镇	5 230.45	4 925.81
东孙庄镇	4 944.51	583.69
街关镇	4 670.28	1 186.38
周窝镇	2 847.05	630.27
豆村镇	2 861.80	1 628.88
全县	25 557.83	11 748.93

（15）耕层厚度。利用耕地质量等级图对耕层厚度栅格数据进行区域统计（表 7-36）得知，武强县 5 级地耕层厚度均≥20 cm。用行政区划图与耕地质量等级图叠加联合形成行政区划耕地质量等级综合图，对耕层厚度栅格数据进行区域统计分析，5 级地中，2022 年耕层厚度≥20 cm 的耕地面积较 2009 年减少 13 808.90 hm²。

表 7-36　武强县土壤耕层厚度 （≥20 cm） 5 级地行政区划分布比较　　　单位：hm²

乡镇	2009 年	2022 年
武强镇	5 003.74	2 793.90
北代镇	5 230.45	4 925.81
东孙庄镇	4 944.51	583.69
街关镇	4 670.28	1 186.38
周窝镇	2 847.05	630.27
豆村镇	2 861.80	1 628.88
全县	25 557.83	11 748.93

（16）农田林网化。利用耕地质量等级图对农田林网化栅格数据进行区域统计（表 7-37）得知，武强县 5 级地农田林网化均处于"低"状态。用行政区划图与耕地质量等级图叠加联合形成行政区划耕地质量等级综合图，对农田林网化栅格数据进行区域统计分析，5 级地中，2022 年农田林网化处于"低"状态耕地面积较 2009 年减少 13 808.90 hm²。

表 7-37　武强县农田林网化（低）5 级地行政区划分布比较　　　单位：hm²

乡镇	2009 年	2022 年
武强镇	5 003.74	2 793.90
北代镇	5 230.45	4 925.81
东孙庄镇	4 944.51	583.69
街关镇	4 670.28	1 186.38
周窝镇	2 847.05	630.27
豆村镇	2 861.80	1 628.88
全县	25 557.83	11 748.93

（17）生物多样性。利用耕地质量等级图对生物多样性栅格数据进行区域统计（表 7-38）得知，武强县 5 级地生物多样性均处于"一般"状态。用行政区划图与耕地质量等级图叠加联合形成行政区划耕地质量等级综合图，对生物多样性栅格数据进行区域统计分析，5 级地中，2022 年处于"一般"状态耕地面积较 2009 年减少 13 808.90 hm²。

表 7-38　武强县生物多样性（一般）5 级地行政区划分布比较　　单位：hm²

乡镇	2009 年	2022 年
武强镇	5 003.74	2 793.90
北代镇	5 230.45	4 925.81
东孙庄镇	4 944.51	583.69
街关镇	4 670.28	1 186.38
周窝镇	2 847.05	630.27
豆村镇	2 861.80	1 628.88
全县	25 557.83	11 748.93

（18）清洁程度。利用耕地质量等级图对清洁程度栅格数据进行区域统计（表 7-39）得知，武强县 5 级地清洁程度均处于"清洁"状态。用行政区划图与耕地质量等级图叠加联合形成行政区划耕地质量等级综合图，对清洁程度栅格数据进行区域统计分析，5 级地中，2022 年处于"清洁"状态耕地面积较 2009 年减少 13 808.90 hm²。

表 7-39　武强县土壤清洁程度（清洁）5 级地行政区划分布比较　　单位：hm²

乡镇	2009 年	2022 年
武强镇	5 003.74	2 793.90
北代镇	5 230.45	4 925.81
东孙庄镇	4 944.51	583.69
街关镇	4 670.28	1 186.38
周窝镇	2 847.05	630.27
豆村镇	2 861.80	1 628.88
全县	25 557.83	11 748.93

（三）6 级地耕地质量特征

1. 空间分布

表 7-40 表明，2009 年武强县 6 级地面积为 3 499.40 hm²，占耕地总面积的 11.60%；2022 年无 6 级地，6 级地面积逐渐减少为零。6 级地在武强县的具体分布见表 7-40，2009—2022 年，武强县各镇 6 级地面积均逐渐减少为零，其中豆村镇面积减少最多，为 1 046.37 hm²，其次是北代镇，减少 805.87 hm²，分别占 6 级地的 29.90% 和 23.03%。

表7-40　武强县6级地的面积与分布状况比较

乡镇	2009年		2022年	
	面积/hm²	占6级地面积/%	面积/hm²	占6级地面积/%
武强镇	558.81	15.97	—	—
北代镇	805.87	23.03	—	—
东孙庄镇	359.68	10.28	—	—
街关镇	310.93	8.89	—	—
周窝镇	417.74	11.93	—	—
豆村镇	1 046.37	29.90	—	—
全县	3 499.40	100.00	—	—

2. 属性特征

（1）灌溉能力。利用耕地质量等级图对灌溉能力栅格数据进行区域统计（表7-41）得知，武强县6级地灌溉能力处于"基本满足"状态。用行政区划图与耕地质量等级图叠加联合形成行政区划耕地质量等级综合图，对灌溉能力栅格数据进行区域统计分析，6级地中，2022年处于"基本满足"状态耕地面积较2009年减少3 499.40 hm²。

表7-41　武强县灌溉能力（基本满足）6级地行政区划分布比较　　单位：hm²

乡镇	2009年	2022年
武强镇	558.81	—
北代镇	805.86	—
东孙庄镇	359.68	—
街关镇	310.93	—
周窝镇	417.74	—
豆村镇	1 046.38	—
全县	3 499.40	—

（2）耕层质地。利用耕地质量等级图对耕层质地栅格数据进行区域统计（表7-42）得知，武强县6级地耕层质地处于"中壤""轻壤"和"重壤"状态。用行政区划图与耕地质量等级图叠加联合形成行政区划耕地质量等级综合图，对耕层质地栅格数据进行区域统计分析，6级地中，2022年处于"中壤""轻壤"和"重壤"状态耕地面积较2009年分别减少961.33 hm²、270.84 hm²和2 267.23 hm²。

表 7-42　武强县土壤耕层质地 6 级地行政区划分布比较　　　　单位：hm²

乡镇	2009 年			2022 年		
	中壤	轻壤	重壤	中壤	轻壤	重壤
武强镇	270.62	65.16	223.03	—	—	—
北代镇	—	100.88	704.99	—	—	—
东孙庄镇	311.17	—	48.51	—	—	—
街关镇	144.46	—	166.47	—	—	—
周窝镇	148.09	104.80	164.84	—	—	—
豆村镇	86.99	—	959.39	—	—	—
全县	961.33	270.84	2 267.23	—	—	—

（3）质地构型。利用耕地质量等级图对质地构型栅格数据进行区域统计（表 7-43）得知，武强县 6 级地质地构型处于"上松下紧型"和"紧实型"状态。用行政区划图与耕地质量等级图叠加联合形成行政区划耕地质量等级综合图，对质地构型栅格数据进行区域统计分析，6 级地中，2022 年处于"上松下紧型"和"紧实型"状态耕地面积较 2009 年分别减少 937.52 hm² 和 2 561.88 hm²。

表 7-43　武强县土壤质地构型 6 级地行政区划分布比较　　　　单位：hm²

乡镇	2009 年		2022 年	
	上松下紧型	紧实型	上松下紧型	紧实型
武强镇	77.92	480.89	—	—
北代镇	171.71	634.16	—	—
东孙庄镇	156.74	202.94	—	—
街关镇	128.72	182.20	—	—
周窝镇	95.70	322.04	—	—
豆村镇	306.73	739.65	—	—
全县	937.52	2 561.88	—	—

（4）有机质含量。利用耕地质量等级图对土壤有机质含量栅格数据进行区域统计（表 7-44）得知，武强县 6 级地 2009 年土壤有机质含量为 10.2 g/kg，2022 年有机质含量无 6 级地。利用行政区划图与耕地质量等级图叠加联合形成行政区划耕地质量等级综合图，对土壤有机质含量栅格数据进行区域统计分析，6 级地中，2009 年土壤有机质含量变化幅度在 6.8～14.0 g/kg。

表 7-44　武强县土壤有机质含量 6 级地行政区划分布比较　　　单位：g/kg

乡镇	2009 年			2022 年		
	平均值	最大值	最小值	平均值	最大值	最小值
武强镇	10.0	12.5	8.4	—	—	—
北代镇	10.3	12.2	8.0	—	—	—
东孙庄镇	10.0	14.0	9.7	—	—	—
街关镇	9.5	10.6	6.8	—	—	—
周窝镇	10.1	11.7	81.0	—	—	—
豆村镇	10.8	13.0	7.8	—	—	—
全县	10.2	14.0	6.8	—	—	—

（5）地形部位。利用耕地质量等级图对地形部位栅格数据进行区域统计（表 7-45）得知，武强县 6 级地地形部位处于"低海拔冲积洼地"状态。用行政区划图与耕地质量等级图叠加联合形成行政区划耕地质量等级综合图，对地形部位栅格数据进行区域统计分析，6 级地中，2022 年处于"低海拔冲积洼地"状态耕地面积较 2009 年减少 3 499.40 hm²。

表 7-45　武强县土壤地形部位（低海拔冲积洼地）6 级地行政区划分布比较

单位：hm²

乡镇	2009 年	2022 年
武强镇	558.81	—
北代镇	805.86	—
东孙庄镇	359.68	—
街关镇	310.93	—
周窝镇	417.74	—
豆村镇	1 046.38	—
全县	3 499.40	—

（6）盐渍化程度。利用耕地质量等级图对盐渍化程度栅格数据进行区域统计（表 7-46）得知，武强县 6 级地盐渍化程度为无。用行政区划图与耕地质量等级图叠加联合形成行政区划耕地质量等级综合图，对盐渍化程度栅格数据进行区域统计分析，6 级地中，2022 年盐渍化程度为无耕地面积较 2009 年减少 3 499.40 hm²。

表 7-46　武强县土壤盐渍化程度 6 级地行政区划分布比较　　单位：hm²

乡镇	2009 年		2022 年	
	无	轻度	无	轻度
武强镇	558.81	—	—	—
北代镇	805.86	—	—	—
东孙庄镇	359.68	—	—	—
街关镇	310.93	—	—	—
周窝镇	417.74	—	—	—
豆村镇	1 046.38	—	—	—
全县	3 499.40	—	—	—

（7）排水能力。利用耕地质量等级图对排水能力栅格数据进行区域统计（表 7-47）得知，武强县 6 级地排水能力处于"基本满足"状态。用行政区划图与耕地质量等级图叠加联合形成行政区划耕地质量等级综合图，对排水能力栅格数据进行区域统计分析，6 级地中，2022 年处于"基本满足"状态耕地面积较 2009 年减少 3 499.40 hm²。

表 7-47　武强县土壤排水能力（基本满足）6 级地行政区划分布比较　　单位：hm²

乡镇	2009 年	2022 年
武强镇	558.81	—
北代镇	805.86	—
东孙庄镇	359.68	—
街关镇	310.93	—
周窝镇	417.74	—
豆村镇	1 046.38	—
全县	3 499.40	—

（8）有效磷含量。利用耕地质量等级图对土壤有效磷含量栅格数据进行区域统计（表 7-48）得知，武强县 6 级地 2009 年土壤有效磷含量平均为 23.3 mg/kg，2022 年无 6 级地。利用行政区划图与耕地质量等级图叠加联合形成行政区划耕地质量等级综合图，对土壤有效磷含量栅格数据进行区域统计分析，6 级地中，2009 年土壤有效磷含量变化幅度在 17.8～32.2 mg/kg。

表 7-48　武强县土壤有效磷含量 6 级地行政区划分布比较　　单位：mg/kg

乡镇	2009 年			2022 年		
	平均值	最大值	最小值	平均值	最大值	最小值
武强镇	22.2	25.8	18.4	—	—	—
北代镇	22.8	26.5	21.6	—	—	—
东孙庄镇	26.6	28.9	24.5	—	—	—
街关镇	26.1	32.2	22.9	—	—	—
周窝镇	22.9	28.4	18.8	—	—	—
豆村镇	22.7	27.3	17.8	—	—	—
全县	23.3	32.2	17.8	—	—	—

（9）速效钾含量。利用耕地质量等级图对土壤速效钾含量栅格数据进行区域统计（表 7-49）得知，武强县 6 级地 2009 年土壤速效钾含量平均为 109 mg/kg，2022 年无 6 级地。利用行政区划图与耕地质量等级图叠加联合形成行政区划耕地质量等级综合图，对土壤速效钾含量栅格数据进行区域统计分析，6 级地中，2009 年土壤速效钾含量变化幅度在 91～143 mg/kg。

表 7-49　武强县土壤速效钾含量 6 级地行政区划分布比较　　单位：mg/kg

乡镇	2009 年			2022 年		
	平均值	最大值	最小值	平均值	最大值	最小值
武强镇	103	113	91	—	—	—
北代镇	108	126	96	—	—	—
东孙庄镇	119	121	119	—	—	—
街关镇	122	143	104	—	—	—
周窝镇	112	120	100	—	—	—
豆村镇	105	106	101	—	—	—
全县	109	143	91	—	—	—

（10）pH 值。利用耕地质量等级图对土壤 pH 值栅格数据进行区域统计（表 7-50）得知，武强县 6 级地 2009 年土壤 pH 值为 8.2，2022 年无 6 级地。利用行政区划图与耕地质量等级图叠加联合形成行政区划耕地质量等级综合图，对土壤 pH 值栅格数据进行区域统计分析，6 级地中，2009 年土壤 pH 值变化幅度在 7.8～8.5。

表 7-50　武强县土壤 pH 值 6 级地行政区划分布比较

乡镇	2009 年			2022 年		
	平均值	最大值	最小值	平均值	最大值	最小值
武强镇	8.0	8.1	7.9	—	—	—
北代镇	8.2	8.4	7.9	—	—	—
东孙庄镇	8.4	8.5	8.2	—	—	—
街关镇	8.1	8.1	8.1	—	—	—
周窝镇	8.1	8.3	8.1	—	—	—
豆村镇	8.1	8.3	7.8	—	—	—
全县	8.2	8.5	7.8	—	—	—

（11）有效土层厚度。利用耕地质量等级图对有效土层厚度栅格数据进行区域统计（表 7-51）得知，武强县 6 级地有效土层厚度为 30～60 cm。用行政区划图与耕地质量等级图叠加联合形成行政区划耕地质量等级综合图，对有效土层厚度栅格数据进行区域统计分析，6 级地中，2022 年有效土层厚度为 30～60 cm 的耕地面积较 2009 年减少 3 499.40 hm²。

表 7-51　武强县有效土层厚度（30～60 cm）6 级地行政区划分布比较　　单位：hm²

乡镇	2009 年	2022 年
武强镇	558.81	—
北代镇	805.86	—
东孙庄镇	359.68	—
街关镇	310.93	—
周窝镇	417.74	—
豆村镇	1 046.38	—
全县	3 499.40	—

（12）土壤容重。利用耕地质量等级图对土壤容重栅格数据进行区域统计（7-52）得知，武强县 6 级地 2009 年土壤容重均为 1.32 g/cm³，2022 年无 6 级地。利用行政区划图与耕地质量等级图叠加联合形成行政区划耕地质量等级综合图，对土壤容重栅格数据进行区域统计分析，6 级地中，2009 年土壤容重变化幅度在 1.29～1.35 g/cm³。

表 7-52　武强县土壤容重 6 级地行政区划分布比较　　单位：g/cm³

乡镇	2009 年			2022 年		
	平均值	最大值	最小值	平均值	最大值	最小值
武强镇	1.32	1.34	1.29	—	—	—
北代镇	1.32	1.34	1.30	—	—	—
东孙庄镇	1.33	1.34	1.29	—	—	—
街关镇	1.31	1.33	1.29	—	—	—
周窝镇	1.33	1.34	1.29	—	—	—
豆村镇	1.32	1.35	1.29	—	—	—
全县	1.32	1.35	1.29	—	—	—

（13）地下水埋深。利用耕地质量等级图对地下水埋深栅格数据进行区域统计（表7-53）得知，武强县 6 级地下水埋深≥3 m。用行政区划图与耕地质量等级图叠加联合形成行政区划耕地质量等级综合图，对地下水埋深栅格数据进行区域统计分析，6 级地中，2022 年地下水埋深≥3 m 的耕地面积较 2009 年减少 3 499.40 hm²。

表 7-53　武强县地下水埋深（≥3 m）6 级地行政区划分布比较　　单位：hm²

乡镇	2009 年	2022 年
武强镇	558.81	—
北代镇	805.86	—
东孙庄镇	359.68	—
街关镇	310.93	—
周窝镇	417.74	—
豆村镇	1 046.38	—
全县	3 499.40	—

（14）障碍因素。利用耕地质量等级图对障碍因素栅格数据进行区域统计（表7-54）得知，武强县 6 级地均无障碍因素。用行政区划图与耕地质量等级图叠加联合形成行政区划耕地质量等级综合图，对障碍因素栅格数据进行区域统计分析，6 级地中，2022 年无障碍因素耕地面积较 2009 年减少 3 499.40 hm²。

表 7-54　武强县土壤障碍因素（无）6 级地行政区划分布比较　　单位：hm²

乡镇	2009 年	2022 年
武强镇	558.81	—
北代镇	805.86	—
东孙庄镇	359.68	—
街关镇	310.93	—
周窝镇	417.74	—
豆村镇	1 046.38	—
全县	3 499.40	—

（15）耕层厚度。利用耕地质量等级图对耕层厚度栅格数据进行区域统计（表 7-55）得知，武强县 6 级地耕层厚度 ≥ 20 cm。用行政区划图与耕地质量等级图叠加联合形成行政区划耕地质量等级综合图，对耕层厚度栅格数据进行区域统计分析，6 级地中，2022 年耕层厚度 ≥ 20 cm 的耕地面积较 2009 年减少 3 499.40 hm²。

表 7-55　武强县土壤耕层厚度（≥ 20 cm）6 级地行政区划分布比较　　单位：hm²

乡镇	2009 年	2022 年
武强镇	558.81	—
北代镇	805.86	—
东孙庄镇	359.68	—
街关镇	310.93	—
周窝镇	417.74	—
豆村镇	1 046.38	—
全县	3 499.40	—

（16）农田林网化。利用耕地质量等级图对农田林网化栅格数据进行区域统计（表 7-56）得知，武强县 6 级地农田林网化处于"低"状态。用行政区划图与耕地质量等级图叠加联合形成行政区划耕地质量等级综合图，对农田林网化栅格数据进行区域统计分析，6 级地中，2022 年农田林网化处于"低"状态耕地面积较 2009 年减少3 499.40 hm²。

表7-56　武强县农田林网化（低）6级地行政区划分布比较　　单位：hm²

乡镇	2009 年	2022 年
武强镇	558.81	—
北代镇	805.86	—
东孙庄镇	359.68	—
街关镇	310.93	—
周窝镇	417.74	—
豆村镇	1 046.38	—
全县	3 499.40	

（17）生物多样性。利用耕地质量等级图对生物多样性栅格数据进行区域统计（表7-57）得知，武强县6级地生物多样性处于"一般"状态。用行政区划图与耕地质量等级图叠加联合形成行政区划耕地质量等级综合图，对生物多样性栅格数据进行区域统计分析，6级地中，2022年处于"一般"状态耕地面积较2009年减少3 499.40 hm²。

表7-57　武强县生物多样性（一般）6级地行政区划分布比较　　单位：hm²

乡镇	2009 年	2022 年
武强镇	558.81	—
北代镇	805.86	—
东孙庄镇	359.68	—
街关镇	310.93	—
周窝镇	417.74	—
豆村镇	1 046.38	—
全县	3 499.40	

（18）清洁程度。利用耕地质量等级图对清洁程度栅格数据进行区域统计（表7-58）得知，武强县6级地清洁程度处于"清洁"状态。用行政区划图与耕地质量等级图叠加联合形成行政区划耕地质量等级综合图，对清洁程度栅格数据进行区域统计分析，6级地中，2022年处于"清洁"状态耕地面积较2009年减少3 499.40 hm²。

表8-58　武强县土壤清洁程度（清洁）6级地行政区划分布比较　　单位：hm²

乡镇	2009 年	2022 年
武强镇	558.81	—

（续表）

乡镇	2009 年	2022 年
北代镇	805.86	—
东孙庄镇	359.68	—
街关镇	310.93	—
周窝镇	417.74	—
豆村镇	1 046.38	—
全县	3 499.40	—

第二节 耕地质量等级影响因素分析

武强县属于黄淮海区（一级农业区）中的冀鲁豫低洼平原区（二级农业区）。耕地等级范围在 4~6 级，主要受灌溉能力、耕层质地、质地构型、有机质、地形部位、盐渍化程度、排水能力、有效磷、速效钾、pH 值、有效土层厚度、土壤容重、地下水埋深、障碍因素、耕层厚度、农田林网化、生物多样性、清洁程度等因素影响。

一、影响因素分析

目前武强县耕地质量存在的主要问题有：虽然土壤有效磷、速效钾和有机质逐步提升，但土壤有机质提升幅度较小，基础肥力水平总体仍处在较低水平，中产田占比较大，存在灌溉能力、排水能力及有效土层厚度等阻碍耕地质量提升的障碍因素。此外，施肥结构不合理、土壤养分失衡、土壤肥力不均衡等问题也比较明显。

（一）耕地立地条件

1. 灌溉能力

灌溉是保障农作物耗水的关键要素，直接影响耕作制度及耕地生产能力。在本评价体系中，灌溉能力分为充分满足、满足、基本满足、不满足。通过对耕地质量调查点位数据分析可知，武强县灌溉能力均处于基本满足状态，有效改善灌溉能力对提升耕地质量有促进作用。

2. 地形部位

武强县地形单一，为低海拔冲积洼地。作为耕地质量等级评价中重要的评价因子，地形部位具有较高的权重及影响。武强县海拔较低，地势平坦，有利于作物生长。

3. 盐渍化程度

造成耕地盐渍化的主要原因在于土壤底层或地下水盐分随毛管水上升到地表，水分散失后，使盐分积累在表层土壤中，当土壤含盐量过高时，形成盐碱危害。由于化学肥料的长期使用，肥料品种单一以及施用量过大，很难被土壤吸收，造成土壤中富集盐类物质，土壤盐分浓度增加，土壤盐渍化程度加重。土壤盐渍化不仅危害作物的根系生长，而且影响作物吸收矿质元素和水分，使作物的正常生理代谢受到干扰，对作物生长发育造成较大影响。在本评价体系中，盐渍化程度分为无、轻度、中度、重度。通过对耕地质量调查数据进行分析，武强县绝大多数耕地无盐渍化现象，基本不会对作物生长产生不利影响。

4. 排水能力

排水能力是保证农作物正常生长的重要因素，及时排出农田地表积水，可有效控制和降低地下水位。在雨水集中季，大量的雨水聚集会导致土壤孔隙度降低，气体交换量下降，土壤温度降低，造成土壤中对作物有毒物质的增加，影响作物生长发育。良好的排水能力是保障作物良好生长的重要条件。评价体系中排水能力分为充分满足、满足、基本满足、不满足。通过对耕地质量调查点位数据分析可知，武强县排水能力均处于基本满足状态。有效改善排水能力对于耕地质量提升有促进作用。

5. 有效土层厚度

有效土层是具有肥力特征的土壤腐殖质层或耕作层。土层越厚，其保水保肥效果就越好，利于植物根系向下伸展。土层厚度的增加有利于高温季节抑制土壤温度上升，低温季节抑制土壤温度下降。在本评价体系中，有效土层厚度分为≥100 cm、[60，100）cm、[30，60）cm、<30 cm。武强县有效土层厚度均为[60，100）cm。

（二）土壤物理性状

1. 耕层质地

耕层质地直接影响着土壤的保肥、保水性能，主要类型包括轻壤、中壤、重壤、黏土、砂壤等。对于砂性土壤，砂粒含量大，通透性强，但保水保肥性差，养分易流失。对于壤性土，土壤中有着较高的毛管孔隙，通透性较好，同时又有较强的保肥保水能力，有利于有机质分解。通过对耕地质量调查数据进行分析，武强县耕地的耕层质地为轻壤、中壤和重壤，一定程度上有利于保水保肥及有机质的分解。

2. 质地构型

质地构型是指土壤剖面中不同质地层次的排列。质地构型对耕地质量有着重要的影响。合理了解土壤的质地构型，可以有针对性地进行土壤改良和耕作管理，以提高土壤的透水性、通气性和肥力，从而改善耕地质量，促进作物生长和发育。在本评价体系中，质地构型分为夹黏型、上松下紧型、通体壤、紧实型、夹层型、海绵型、上紧下松型、松散型、通体砂、薄层型、裸露岩石。武强县耕地质量调查点位数据表明，耕地的质地构型为上松下紧型和紧实型，一定程度上利于作物的生长和发育。

3. 土壤容重

土壤容重是指田间自然垒结状态下单位容积土体（包括土粒和孔隙）的质量或重量。土壤容重对耕地质量有着重要的影响。合理控制土壤容重，保持土壤的透气性和通透性，有利于促进作物生长、维持土壤肥力和预防土壤侵蚀。通过对耕地质量调查数据分析，2009 年的耕地土壤容重为 1.31 g/cm³ 左右，而 2022 年土壤容重为 1.33 g/cm³ 左右，武强县耕地土壤容重有增大的趋势。

4. 障碍因素

障碍因素是反映土体中妨碍农作物正常生长发育、对农产品产量和品质造成不良影响的因素。如瘠薄、沙化、盐碱、侵蚀、潜育化及出现的障碍层次情况等。在本评价体系中，障碍因素分为无、夹砂层、砂姜层、砾石层。通过对耕地质量调查点位数据分析可知，武强县耕地无障碍因素，不会对作物生长产生不利影响。

5. 耕层厚度

耕层厚度指由于长期耕作形成的土壤表层厚度。耕层厚度内富集了土壤主要的肥力，同时也是土壤根系的主要集中部分。较高的耕层厚度有利于保持土壤肥力，涵养水分及促进作物生长。在本评价体系中，耕层厚度分为 ≥20 cm、[15，20) cm、<15 cm。通过对耕地质量调查点位数据进行分析，武强县耕层厚度均处于 ≥20 cm，有利于作物生长。

（三）土壤化学性状

1. pH 值

土壤 pH 值是土壤肥力的重要指标，它直接影响着土壤的肥力和作物的生长状况。土壤的 pH 值对土壤中养分的有效性有着直接的影响，不同的植物对 pH 值有不同的要求。土壤 pH 值也对土壤中的微生物活动有着重要影响。适宜的 pH 值有利于土壤中细菌、真菌和其他微生物的生长和活动，促进有机物的分解和养分的释放，从而维持土壤的生态平衡。pH 值对土壤退化有着直接影响。过酸或过碱的土壤会导致结构恶化，影响土壤透气性和水分保持能力，从而加速土壤退化过程。通过对耕地质量调查数据进行分析，2009 年武强县的耕地土壤 pH 值为 8.0 左右，而 2022 年土壤 pH 值为 8.3 左右，增加 0.3 个单位。

2. 有机质

有机质含量的高低是衡量土壤肥力的供应能力，判断土壤结构适宜程度的重要指标。作为土壤营养元素的贮存库，可以多种方式保持养分，且对土壤微生物生命活动、水气热等肥力因子、土壤结构和耕性都有重要的影响。通过对耕地质量调查数据进行分析，武强县土壤有机质含量大部分处于 20 g/kg 左右，通过土壤有机质改良措施，耕地质量有着较大的提升空间。

3. 有效磷

有效磷是指土壤中可被植物吸收利用磷的总称。有效磷含量是土壤磷素养分供应水平高低的指标，土壤磷素含量高低在一定程度反映了土壤中磷素的贮量和供应能力。在作物整个生长过程中，磷在植物体内参与光合作用、呼吸作用、能量储存和传递、细胞分裂、细胞增大等过程，可以促进早期根系的形成和生长，提高植物适应外界环境条件的能力，有助于植物耐受寒冷的冬天，增强植物抗病性。通过对耕地质量调查数据分析，武强县土壤有效磷平均含量为 30 mg/kg 左右，有利于作物正常生长。

4. 速效钾

速效钾是指土壤中易被作物吸收利用的钾素，速效钾含量是表征土壤钾素供应状况的重要指标之一。根据钾存在的形态和作物吸收利用的情况，速效钾以两种形态存在于土壤中，分别为水溶性钾、交换性钾。速效钾在整个作物生育期内起着很重要的作用，可以使作物体内可溶性氨基酸和单糖减少，纤维素增多，细胞壁加厚。钾在作物根系累积产生渗透压梯度能增强水分吸收，干旱缺水时能使作物叶片气孔关闭以防水分损失，增强作物的抗病、抗寒、抗旱、抗倒伏及抗盐能力。通过对耕地质量调查数据进行分析，武强县土壤速效钾平均含量大于 193 mg/kg，有利于作物生长。

（四）土壤环境条件

1. 地下水埋深

地下水埋深对耕地质量有重要的影响。地下水埋深是指浅水面至地表面的距离，它直接影响着土壤的湿润程度和养分的供应情况，进而影响作物的生长和产量。地下水埋深较浅时，土壤可以较容易地获取到地下水的补给，从而保持一定的湿润程度。这有利于维持土壤中的养分和微生物的活跃，促进植物的生长和发育。但地下水过浅也可能导致土壤盐分过大，从而影响作物的生长。在本评价体系中，武强地下水埋深分为≥3 m、[2，3）m、<2 m。通过对耕地质量调查点位数据分析可知，武强县耕地地下水埋深均≥3 m，不会对作物生长产生不利影响。

2. 农田林网化度

农田林网化度是指农田四周的林带保护面积与农田总面积之比。适度的农田林网化度可以对耕地质量产生积极的影响。树木和灌木的覆盖可以保护土壤，减少水土流失和侵蚀，保持土壤的肥沃和层次结构。树木的根系可以固定土壤，减少土壤侵蚀，改善土壤的通气和水分保持能力。树木和灌木还能提供遮阴，调节土壤温度和湿度，有利于农作物的生长和发育。在本评价体系中，农田林网化度分为高、中、低。通过对耕地质量调查点位数据分析可知，武强县耕地农田林网化度均为低。因此，适当增大农田林网化度对于耕地保护和提高耕地质量有促进作用。

3. 生物多样性

生物多样性反映了土壤生命力丰富程度。生物多样性有助于维持生态系统的平衡。在耕地上，不同种类的植物和动物可以相互作用，形成相对稳定的生态系统。这有助于减少病虫害的发生，提高土壤的肥力，促进农作物的生长和产量。生物多样性有助于改善土壤的肥力。不同种类的植物在生长过程中对土壤的养分需求不同，有些植物能够固氮、改良土壤，有利于其他植物的生长。这样的植物群落能够循环利用养分，促进土壤中养分的均衡分配，提高土壤的肥力。在本评价体系中，生物多样性分为丰富、一般、不丰富。通过对耕地质量调查点位数据分析可知，武强县耕地生物多样性均为一般。因此，保护和提高耕地的生物多样性对于维持耕地生产力和质量至关重要。

4. 清洁程度

清洁程度反映了土壤受重金属、农药和农膜残留等有毒有害物质影响的程度。清洁程度影响着土壤的肥力，直接关系到耕地对水资源的保护。清洁的耕地有助于维持生态平衡和生产健康食品。在本评价体系中，清洁程度分为清洁、尚清洁。通过对耕地质量调查点位数据分析可知，武强县耕地均为清洁，不会对作物生长产生不利影响。

二、对策分析

针对武强县耕地存在的灌溉能力、排水能力及有效土层厚度等阻碍耕地质量提升的障碍因素，提出针对性的提升策略，以期为武强县的耕地质量提升提供依据。

（一）改善耕地立地条件

1. 灌溉能力

武强县位于缺水干旱区，对于粮食生产而言，干旱是主要的灾害因素。完备的灌溉设施可为作物高产稳产提供有力保障。

（1）推广节水灌溉技术。节水灌溉技术主要包括喷灌、滴灌、渗灌等，这些技术能够有效地减少灌溉过程中的水分流失，提高灌溉水的利用率，缓解水资源短缺的问题，还可以提高农作物的产量和质量，增加农民的收入。

（2）修建和维护水利设施。水利设施是保障灌溉水供应的重要基础设施，修建和维护水利设施是提升耕地灌溉能力的必要手段。政府应加大对水利设施建设的投入，加强对水利设施的维护和管理，确保水利设施的正常运行。

（3）发展高效节水农业。政府应加大对高效节水农业的扶持力度，推广高效节水作物品种，提高作物的抗旱能力。还应加强农业科技创新，研发高效节水的农业技术和设备，降低农业生产的成本和能耗，提高农业生产的效益和竞争力。

（4）加强科技研发与培训。政府应加大对农业科技研发的投入，鼓励科研机构和企业开展农业科技创新，推广先进的农业技术和设备。通过科技研发与培训的加强，可以进一步提高耕地灌溉能力，推动农业现代化进程。

2. 排水能力

排水能力的不足可导致农田雨水聚集，土壤微生物活性降低，增加养分富集程度，影响作物正常生长。

（1）完善排水系统。政府应加大对排水系统建设的投入，加强排水系统的规划、设计和建设，确保排水系统的正常运行。还应建立科学合理的排水标准，完善排水法规和政策，为排水系统的建设和运行提供法律保障。

（2）修建排水沟渠。根据当地的自然条件、地形地貌和气候特点等因素进行科学规划，合理布局，确保排水沟渠的顺畅和有效。

（3）增加排水设施。在已有的排水系统的基础上，增加排水设施也是提高耕地排水能力的重要手段。例如，可以增设水泵、水闸等排水设施，加强排水系统的抽排能力，提高排水效率。

（4）强化管理维护。政府应加强对排水系统的管理，建立健全的管理制度和运行机制，确保排水系统的正常运行。还应鼓励农民参与排水系统的管理和维护，提高农民的管理意识和能力。

3. 有效土层厚度

针对耕地有效土层厚度薄弱区，实施耕地土壤客土改良工程。客土主要利用表土剥离技术对肥力条件较好的土壤进行表层剥离，并且将剥离的土壤覆在待整治的土壤表层，以达到增加有效土层厚度的目的。对土壤进行改良要充分考虑原土壤土体构型类型，例如在垫层质地型土体构型（黏质土壤）可适当掺入均质质地土体构型土壤，提高黏质土壤透气性。通过客土掺加法将良好外源土壤掺加到原有土体中，增加有效土层厚度，为作物根系生长提供更好的空间，提升土壤保水保肥能力，从而促进耕地质量的提高。深松改土，针对有效土层不足的情况，一般是应用深松机械，有效地消除耕作层下的土壤障碍层，该方法能有效地增加土层厚度而避免对土壤的扰动。

（二）改善土壤理化性状

1. pH 值

土壤 pH 值是土壤肥力的重要指标，pH 值过高或过低都会降低土壤肥效。武强县的耕地土壤 pH 值有轻微碱化的趋势。秸秆覆盖能使酸性土壤逐渐改良至微酸性。在农田耕作时要减少碱性肥料用量，增加有机肥施用量；合理施用碱性土壤改良剂，改善根系周围土壤的 pH 值，以达到改良碱性土壤的目的。

2. 有机质

提高贫瘠土壤中的有机质含量水平，可通过以下方法进行改良。

（1）施用有机改良剂。施用有机改良剂能增加土壤中分子结构相对复杂的芳香族化合物的比例，改变土壤有机质的结构和组成，因此施用有机改良剂能加快土壤中有机物的腐殖化程度，显著增加有机质含量。

（2）合理轮作技术。引导农民改变常规耕作方式，推广间作或套种等轮作方式。研究表明，高光效休耕玉米轮作技术优于传统耕作方式，其土壤有机质含量高于传统垄作方式，能够增加土壤有机质含量。

（3）粉碎秸秆还田技术。秸秆粉碎后还田可以使秸秆在土壤中快速腐解。秸秆还田后增加了耕地土壤中碳源的输入量，一定限度内，土壤有机质含量随着粉碎秸秆还田量和时间的增加而提高。秸秆中含有丰富的营养元素，能改善土壤理化性状，进而改良农作物的植株性状，增加土壤养分含量和农作物产出。

（4）水肥一体化技术。灌溉水平与旱地土壤有机质含量关系密切。水肥一体化技术可以均匀灌水，提高土壤蓄水能力，增加微生物群落的丰富度，加快有机物质的分解速率，提高耕地土壤有机质含量。

（三）优化土壤环境条件

1. 农田林网化度

提高农田林网化度对于提高耕地质量至关重要，可通过以下方式提高农田林网化度。

（1）合理规划林网布局。必须从整体出发，全面规划，合理布局。着重考虑农田周围防护林的保护作用，充分考虑当地的气候条件、土壤性质等因素，合理选择树种和种植方式，以提高林网的生态效益和经济效益。

（2）选择合适的树种。应遵循适地适树的原则，考虑树种的生态多样性，合理配置乔木、灌木、草本植物等，以提高林网的生态稳定性。

（3）推广科学种植技术。采用先进的种植技术，如深沟浅埋、合理密植等，以提高树木的成活率和生长速度。还应加强树木的病虫害防治工作，定期检查树木的生长情况，及时采取防治措施。

（4）加强林木管理和保护。政府应加强对林木的管理和保护，建立健全的林木管护制度，明确管护责任和措施。

（5）完善相关政策法规。政府应制定相应的政策法规，明确林网建设的目标和措施，加大对林网建设的投入力度，为林网建设提供政策支持，还应加强对林网建设的监督和管理，确保林网建设的顺利实施。

2. 生物多样性

保护和提高耕地的生物多样性对于维持耕地生产力和质量至关重要，可通过以下方式提高生物多样性。

（1）保护和恢复自然生态系统。防止自然生态系统的过度开发和破坏，保护生物的栖息地和生态环境，积极推进生态修复工程。

（2）推广生态农业和有机农业。鼓励农民采用生态农业和有机农业的种植方式，减少化肥和农药的使用，降低对土壤和生物的负面影响。

（3）强化生物多样性保护法律和政策。制定和完善生物多样性保护的法律和政策，明确保护目标和措施，加大对违法行为的处罚力度。

（4）推进生态补偿机制。建立生态补偿机制，对采取生态保护措施的地区和农民进行补偿，提高其生态保护的积极性和参与度。

（5）促进农业生态技术的研发和应用。加强农业生态技术的研发和创新，积极探索适合当地情况的种植模式和技术手段。加强对农民的技术培训和指导，提高农民的种植和管理水平。

（6）加强生物多样性监测和评估。建立健全的生物多样性监测和评估体系，定期对耕地的生物多样性进行调查和评估。根据监测和评估结果，及时采取有效措施。

（7）提高公众的生物多样性保护意识。加强对生物多样性保护的宣传和教育，提高公众对生物多样性重要性的认识和理解。

（8）建立生物多样性保护的长效机制。明确各级政府和部门的职责和任务，确保生物多样性保护工作的持续推进和长期效益的发挥。

（四）加强土壤培肥均衡养分

根据武强县土壤的肥力特征以及水、肥、盐的相互关系，采取针对性措施培肥土壤，提高地力水平。尽可能多地把土壤生产的有机质归还土壤；合理调整作物布局和耕作措施，减少土壤有机质的消耗。由于大量肥料的使用导致土壤中氮、磷、钾养分失衡，以测土配方施肥技术为依托，完善农作物测土配方施肥体系，开展测土配方信息查询和智能化配方查询服务，推进配方施肥进村到田。调整化肥氮、磷、钾养分配比，将大量元素与中微量元素配合施用。按照减氮、控磷、调钾、补中、配微的原则，将过高的氮肥用量降下来，提高钾肥和中微量元素肥料使用量，平衡养分比例，做到减量增效的效果。推广水肥一体化灌溉技术，利用滴灌、喷灌、微喷灌的技术，将肥料溶于水中，做到按需定位施肥，做到节水节肥，提高肥料利用率。实行有机肥替代化肥，减少化肥施用量。利用有机养分资源，结合畜禽粪污资源化利用，用有机肥替代化肥，推广有机肥+配方肥，有机肥+水肥一体化、秸秆生物反应堆等有机肥替代模式。

（五）开展耕地质量调查评价

扎实推进耕地质量等级调查评价工作，摸清耕地质量状况，对所有耕地进行分等定级，建立档案。进一步扩大耕地质量监测网络，充实监测内容，开展耕地质量变化预警。促进监测数据的规范采集与大量数据的深度分析，充分利用长期定位试验，开展耕地肥力演变规律、驱动因素及其与生产力耦合关系的研究，有针对性地对高标准农田建设、中低产田改良等项目提出土壤培肥改良、科学施肥的对策措施与建议，为实现耕地质量持续改善提供基础资料和理论依据。

（六）强化高标准农田建设

建设高标准农田是巩固和提高粮食生产能力、保障国家粮食安全的重要举措。农田基础设施建设，不仅能提高劳动效率，促进农业规模化经营，降低生产成本，还有利于改善农田生态，促进土壤肥力提升。重点进行平整土地、改良土壤、完善灌排设施、田间机耕道建设、加强农田林网建设、完善农田输配。加快中低产田改造步伐，搞好土地平整、农田排灌设施及相应沟渠路桥涵闸站建设，强化地力培肥和控污修复，提高农田抗御自然灾害能力和耕地综合产出能力，持续提高高标准农田比重和耕地地力等级，确保粮食安全。

主要途径有：加快盐碱型土壤改良；加大障碍层次型土壤改造力度；加强土壤培肥，实行合理轮作，提高绿肥产量，增加有机肥源，推行富余秸秆翻压、高留桩、覆盖直接还田，严禁焚烧秸秆，确保秸秆还田，推广工厂化快速高效无害化处理禽畜粪等有机物料，发展商品有机肥，提高禽畜粪等有机物料利用率；加大障碍层次型土壤改造力度；完善灌溉系统建设，改善灌排条件，发展节水型农业；施用土壤调理剂、微生物有机肥等技术，改良土壤结构，提升土壤水肥气热的协调能力；扩大平衡施肥推广面积，提高肥料利用率，减少养分流失；调整种植业结构，因地制宜发展生产，维护土壤生态平衡，提高耕地的产出效益。

（七）加大政府投入力度

加大政府资金支持，耕地质量提升不仅要考虑田间沟渠等灌溉设施、田间道路工程，还要考虑耕地培肥、耕地质量监测、农田林网建设、农田污染防治等因素。此外，耕地质量提升需要大量的资金投入，投入不足不仅影响到耕地质量提升的推进速度，也难以满足现代农业对耕地质量的需求。同时，还应积极探索多元化的投资渠道，吸引社会资本参与耕地质量提升，形成政府引导、社会参与的投资机制。

第八章　耕地施肥现状和肥料特性分析

第一节　化肥施用情况动态变化

一、化肥用量动态变化趋势

据《衡水市统计年鉴》获取的武强县化肥用量数据，2019—2022 年武强县化肥总用量呈逐渐降低趋势（图 8-1），2019—2022 年，化肥用量从 2.74 万 t 降低到 2.53 万 t，降低了 7.84%，平均每年降低 0.05 万 t，呈平缓下降的趋势。

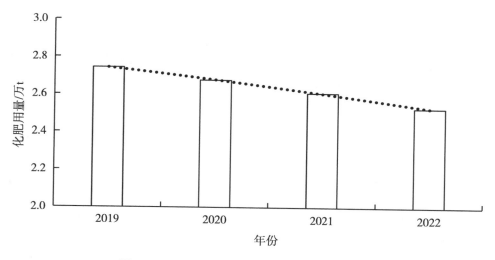

图 8-1　2019—2022 年武强县化肥用量动态变化

二、氮肥用量动态变化趋势

从化肥种类分析来看，2019—2022 年武强县氮肥用量一直多于磷、钾肥和复合肥，且全县氮肥用量呈现缓慢减少的趋势（图 8-2），2019—2022 年，全县氮肥用量降低 0.20 万 t，平均每年下降 0.05 万 t。

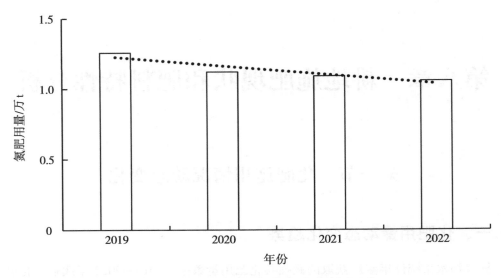

图 8-2　2019—2022 年武强县氮肥用量动态变化

三、磷肥用量动态变化趋势

2019—2022 年，武强县磷肥用量由 2019 年的 0.99 万 t，下降到 2022 年的 0.82 万 t，下降 0.17 万 t，平均每年降低 0.04 万 t。磷肥动态变化趋势表明，武强县磷肥用量也呈缓慢下降的趋势（图 8-3），与氮肥用量趋势一致，磷肥在全县化肥用量中的所占比例逐年降低。

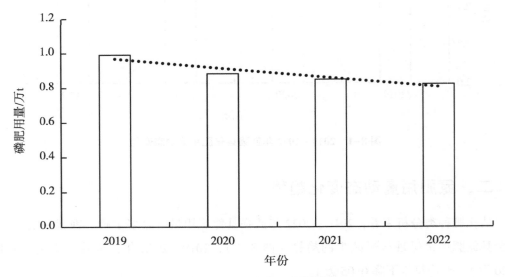

图 8-3　2019—2022 年武强县磷肥用量动态变化

四、钾肥用量动态变化趋势

2019—2022 年，武强县钾肥用量降低 0.04 万 t。钾肥动态变化趋势表明，武强县钾肥用量呈快速下降后平稳减少的趋势（图 8-4），由 2019 年钾肥占全县化肥总用量的 6.60% 减少至 2022 年的 5.49%，平均每年下降 0.01 万 t。

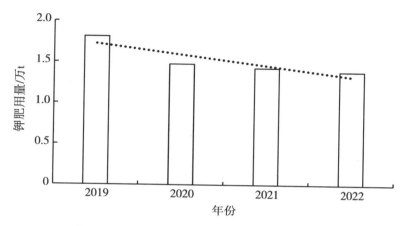

图 8-4　2019—2022 年武强县钾肥用量动态变化

五、复合肥用量动态变化趋势

2019—2022 年，武强县复合肥用量增加 0.20 万 t，平均每年增加 0.05 万 t。复合肥动态变化趋势表明，武强县复合肥用量呈先大幅度提高后平稳的趋势（图 8-5），由 2019 年的 0.31 万 t 增加到 2021 年的 0.51 万 t，增幅为 63.62%。与氮肥、磷肥和钾肥施用量相反，复合肥在全县化肥用量中的所占比例呈上升趋势。

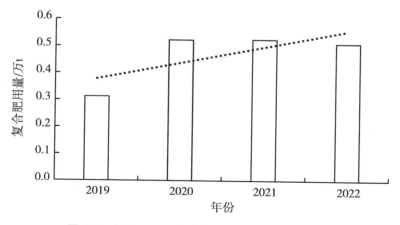

图 8-5　2019—2022 年武强县复合肥用量动态变化

第二节　主要作物施肥现状分析

衡水市武强县种植的主要农作物有小麦、玉米，种植面积占全县作物总播种面积的80%以上。本节通过获取2022年8月实地开展的农户施肥定点监测调查数据，重点分析武强县2022年主要农作物施肥方法、用量及肥料种类等。

一、调查对象及具体方法

2022年农户施肥调查对象包括武强县2个镇5个村，分别是东孙庄镇北新兴村、东孙庄镇东复兴村、东孙庄镇南新兴村、街关镇北谷庄村、街关镇刘家头村，其中东孙庄镇共计48户，街关镇共计62户，全县共计110户，获取有效调查样本数172份。调查内容涉及农户基本信息（姓名、电话号码、文化程度、耕地面积、是否为示范户等）、监测地块种植基本信息（作物类型、播种日期、地块肥力、亩产量、前茬作物类型、是否受灾等）、有机肥施用信息（施肥日期、商品有机肥用量、商品有机肥价格、农家肥用量等）、监测地块化肥施用信息（施肥日期、施肥方式、化肥施用信息等）。涉及小麦、玉米共计2种作物类型。施肥量以氮肥（N）、磷肥（P_2O_5）、钾肥（K_2O）养分含量计，面积以2022年粮食作物、经济作物种植统计面积计算。

二、计算方法

采用加权平均值法测算某一行政区域肥料使用量。

$$CFI = \sum 1-n \ (N+P_2O_5+K_2O) \ /A1$$

$$CFQ = CFI \times A2$$

$$TCFQ = \sum \ (CFQ1+CFQ2+...+CFQm)$$

式中，CFI：某一区域某种作物平均化肥使用强度；m：某一作物编号；n：调查户编号；$\sum 1-n$（$N+P_2O_5+K_2O$）：调查范围内某一作物所有调查农户施用的氮、磷、钾化肥总量；A1：调查农户某一作物的种植总面积；A2：某一行政区内某一作物的种植总面积；CFQ：某一行政区域某一作物化肥使用总量（CFQ1代表作物1的化肥使用总量，CFQ2代表作物2的化肥使用总量，以此类推）；TCFQ：某一行政区域主要农作物施肥总量；$\sum$（CFQ1+CFQ2+...+CFQm）：某一行政区域不同农作物施肥量总和。

三、主要农作物施肥状况

（一）小麦施肥状况

2022年武强县小麦播种面积为1.64万hm^2。统计分析全县110户小麦施肥状况，全县小麦全生育期化肥投入结构总体合理。小麦氮肥、磷肥、钾肥的施肥强度分别为 12.96 kg/亩、7.36 kg/亩、3.83 kg/亩。小麦总施肥量为 594.09 万 kg，其中氮肥、磷肥、钾肥的总施肥量分别为 318.82 万 kg、181.06 万 kg、94.22 万 kg（表 8-1 和表 8-2）。

表 8-1　武强县主要作物氮磷钾施肥强度　　　　　　　　　　单位：kg/亩

作物名称	施肥强度			总施肥强度
	N	P$_2$O$_5$	K$_2$O	
小麦	12.96	7.36	3.83	24.15
玉米	11.96	3.74	3.23	18.93

表 8-2　武强县主要作物氮磷钾施肥量　　　　　　　　　　单位：万 kg

作物名称	施肥量			总施肥量
	N	P$_2$O$_5$	K$_2$O	
小麦	318.82	181.06	94.22	594.09
玉米	412.62	129.03	111.44	653.09
全县总施肥量	731.44	310.09	205.65	1 247.18

（二）玉米施肥状况

2022 年武强县玉米播种面积为 2.30 万 hm^2。统计分析全县 110 户玉米施肥状况，全县玉米全生育期化肥投入结构总体合理。玉米氮肥、磷肥、钾肥的施肥强度分别为 11.96 kg/亩、3.74 kg/亩、3.23 kg/亩；玉米总施肥量为 653.09 万 kg，其中氮肥、磷肥、钾肥的总施肥量分别为 412.62 万 kg、129.03 万 kg、111.44 万 kg（表 8-1 和表 8-2）。

（三）主要作物总施肥量

通过对武强县小麦、玉米两种主要作物施肥量进行分析计算，武强县主要作物施肥总量为 1 247.18 万 kg，其中氮肥 731.44 万 kg、磷肥 310.09 万 kg、钾肥 205.65 万 kg（表 8-2）。

四、主要作物施肥种类

武强县小麦施肥主要为"一基一追"方式，基肥施用类型以复合肥为主，占比 96.77%，其中，3.33%种植户施用了磷酸二铵。大部分种植户选择在 3—4 月追施化肥,其中9.68%的追肥化肥类型为复合肥,90.32%的追肥化肥类型为尿素。武强县玉米主要施用一次底肥,其中99.09%的底肥化肥类型为复合肥,0.91%的底肥化肥类型为磷酸二铵(表8-3)。

表8-3　武强县主要作物施肥种类

作物	底肥肥料类型占比/%				追肥肥料类型占比/%		
	氮肥	复合肥	磷酸二铵	农家肥	氮肥	复合肥	其他
小麦	—	96.77	3.33	—	90.32	9.68	—
玉米	—	99.09	0.91	—	—	—	—

五、主要作物施肥方式

武强县小麦底肥施肥方式100%为撒施,所有调查户追肥均以撒施为主;玉米底肥施肥方式100%为种肥同播(表8-4)。

表8-4　武强县主要作物施肥方式

作物	底肥肥料类型占比/%				追肥肥料类型占比/%	
	撒施	种肥同播	机械深施	其他	撒施	其他
小麦	100	—	—	—	100	—
玉米	—	100	—	—	—	—

第三节　肥料特性

肥料是农作物的粮食,是农作物稳产高产的物质基础。科学施肥是提高作物产量,改善农产品品质和降低农业生产成本的重要因素。只有了解肥料性质,掌握科学施肥,才能真正发挥肥料有效作用,提高肥料利用率。

一、有机肥

(一)有机肥的积极作用

有机肥肥效全面,含有大量元素(N、P、K)、中量元素(Ca、Mg、S)和微量元素(Fe、Mn、Cu、Zn、B、Mo)以及其他对作物生长有益的元素(Co、Se、Na),能为作物提供全面均衡养分。有机肥料所含的养分多以有机态形式存在,通过微生物分解转变成植物可利用的形态，可缓慢释放，长久供应作物养分。有机肥在分解过程中产生腐殖质、胡敏酸、氨基酸、黄腐酸等，对种子萌发、根系生长均有刺激作用，能促进作物生化代谢。有机肥抑制根系膜脂过氧化作用，使不同土层小麦根系超氧化物歧化酶（SOD）活性提高、丙二醛（MDA）含量降低，从而延缓根系的衰老。

有机肥料施用对土壤理化性质有显著影响，可保持和提高土壤有机氮和氮贮量，减弱无机氮对土壤的酸化作用，长期施用使耕层全氮含量提高 92.1%，下层土壤全氮增加更为明显，因此增施有机肥土壤供氮能力加强。施用有机肥料对土壤磷素和钾素也有显著影响，施用有机肥料可减少土壤对磷固定，使土壤有效磷和有效钾保持较高水平，对提高土壤供磷供钾能力有明显促进作用。此外，施用有机肥料有利于降低土壤容重和增加孔隙度，促进土壤团粒结构形成。有机肥料对土壤生物学特性也有明显影响，长期施用有机肥可提高土壤酶活性和微生物数量，特别是与土壤养分转化有关的微生物数量和酶活性。

（二）有机肥施用

1. 作基肥

有机肥料养分释放慢、肥效长，最适宜作基肥施用。主要适用于种植密度较大的作物。施用方法：用量大、养分含量低的粗有机肥料全层施用一般在翻地时，将有机肥料撒到地表，随翻地将肥料全部施入土壤表层，然后耕入土中。养分含量高的商品有机肥料一般在定植穴内施用或挖沟施用，将其集中施在根系伸展部位，充分发挥肥效。集中施用最好是根据有机肥料的质量情况和作物根系生长情况，采取离定植穴一定距离施肥，肥效随着作物根系的生长而发挥作用。

2. 作追肥

腐熟好的有机肥料含有大量速效养分，也可作追肥施用。人粪尿有机肥料的养分主要以速效养分为主，作追肥更适宜。追肥是作物生长期间的一种养分补充供给方式，一般适宜进行穴施或沟施。追肥时应注意：一是有机肥料含有速效养分数量有限，追肥时，同化肥相比应提前几天。二是后期追肥主要是为了满足作物生长过程对养分极大需要，但有机肥料养分含量低，必要时要施用适当的单一化肥加以补充。三是制定合理的基肥、追肥分配比例。地温低时，微生物活动小，有机肥料养分释放慢，可以把施用量的大部分作为基肥施用；地温高时，微生物活动能力强，如果基肥用量太多，定植前肥料被微生物过度分解，定植后立即发挥肥效，有时可能造成作物徒长。

3. 作育苗肥

现代农业生产中许多作物栽培均先在一定的条件下育苗，然后再定植。育苗对养分需要量小，但养分不足不能形成壮苗，不利于移栽，也不利于以后作物生长。充分腐熟的有机肥料养分释放均匀且全面，是育苗的理想肥料。

4. 作营养土

温室、塑料大棚等保护地栽培中，种植蔬菜、花卉等特种作物较多。采用泥炭、蛭石、珍珠岩、细土为主要原料，再加入少量化肥配制成营养土和营养钵。在基质中添加有机肥料，作为供应作物生长的营养物质。在作物的整个生长期中，隔一定时期往基质中加一次固态肥料，即可保持养分的持续供应。有机肥料的使用代替定期浇营养液，可减少基质栽培浇灌营养液的次数，降低生产成本。不同作物种类可根据作物生长特点和需肥规律，调整营养土栽培配方。

二、无机肥

无机肥是化学合成方法生产的肥料，包括氮、磷、钾、复合肥。由于无机肥多为养分含量较高的速效性肥料，施入土壤后一般都会在一定时段内显著地提高土壤有效养分含量，但不同种类无机肥有效成分在土壤中转化、存留期长短以及后效等不同。

（一）氮肥

1. 铵态氮肥

在农业生产中铵态氮肥应用较多，主要品种有碳酸氢铵、硫酸铵、氯化铵，都含有铵离子，都易溶于水，是速效养分，施入土壤后很快溶解于土壤中并解离释放出铵离子，作物能直接吸收利用，肥效快，这些铵离子可与土壤胶粒上原有的各种阳离子进行交换而被吸附保存，免受淋失，肥效相对较长。铵态氮肥可作基肥，也可作追肥，其中硫酸铵还可作种肥，施入土壤后未转变成硝态氮前移动性小，应施于根系集中的土层中。铵态氮肥容易分解为氨气挥发损失，温度越高，挥发损失越大，不宜在温室大棚使用，也不能撒施表土，应沟施或穴施。尤其是石灰性土壤更应深施并立即覆土。铵态氮肥应与有机肥料配合施用，以利于改土培肥。硫酸铵忌长期使用，因硫酸铵属生理酸性化肥，若在地里长期施用，会增加土壤酸性，破坏土壤团粒结构，使土壤板结而降低理化性能，不利于培肥地力。氯化铵不宜在盐碱地或忌氯作物上施用。

2. 硝态氮肥

常见的硝态氮肥有硝酸钠、硝酸钙等，硝酸铵和硝酸钾中也含有硝酸根离子，且性质更接近硝态氮。硝态氮易溶于水，可直接被植物吸收利用，速效性强；硝态氮肥吸湿性强，易结块，在雨季甚至会吸湿变成液体，给贮存和运输造成困难，硝酸根离子带负电荷，不能被土壤胶粒吸附，易随水移动，当灌溉或降水量大时，会发生淋失或流失；在嫌气条件下可经反硝化作用转变成分子态氮和氮氧化物气体而损失肥效。

3. 酰胺态氮肥

尿素是化学合成的酰胺态有机化合物，在土壤溶液中呈分子态存在。植物直接吸收少量尿素分子，大部分尿素分子存在于土壤溶液中，土壤黏粒矿物和腐殖质分子上的功能团以氢键形式与之互相吸附，但吸附力较弱，数量也不多，虽可避免部分尿素分子被淋失，但效果不大，绝大部分尿素分子需在脲酶作用下转变成碳酸铵或碳酸氢铵（7 d左右）后，被植物吸收利用和被土壤吸附保存。尿素转化后的性质则与碳酸氢铵完全一样，具有铵态氮的基本特性，所以尿素肥效比一般化学氮肥慢。尿素特别适宜作根外追肥，是叶面补氮的首选肥料品种。尿素可作基肥，也可作追肥，一般不作种肥，若必须用作种肥时，用量不超过 5 kg/亩，最好与种子分开。尿素适宜在各类土壤上施用。尿素用作追肥时应比其他类型氮肥提前 3～5 d，早春更应提前一些，以利于转化。尿素施入土壤后，会很快转化为酰胺，很易随水流失，因而施用后不宜马上浇水，也不要在大雨前施用。

4. 新型氮肥

新型氮肥不同于传统氮肥，是利用特殊性能的材料、改良的工艺技术制备的具有多功能特性的肥料，新型氮肥同时具备养分释放规律与作物对养分需求规律，在时间和数量上同步，通过直接或间接途径提供给农作物生长发育过程中所需要的养分，改善土壤结构，调节土壤微生物群落和理化性状，实现简约化施肥同时可避免追肥带来的额外投入及烦琐操作增加的劳动力，降低肥料损失，提高肥料肥效持续时间和利用率。随着肥料行业迅速发展，新型氮肥主要有以下几种：缓/控释肥料，如硫包衣尿素、树脂包衣尿素等；稳定性肥料，如添加脲酶抑制剂（N-丁基硫代磷酰三胺，NBPT）、硝化抑制剂（3，4-甲基吡啶磷酸盐，DMPP）、双氰胺（DCD）等。

包膜控释肥的控释时间可在 2～12 个月，应用在玉米、小麦等作物上均有极显著地增加产量、改善品质或提高观赏价值的效果，氮肥利用率比普通对照肥料提高 50%～100%，在减少 1/3～1/2 肥料用量情况下，仍有明显增产或促进作物生长发育的效果。包膜控释肥的施用量根据作物目标产量、土壤肥力水平和肥料养分含量综合考虑确定。小麦等根系密集且分布均匀的作物，可在播种前按照推荐的专用包膜控释肥施用量一次性均匀撒于地表，耕翻后种植，生长期内可不再追肥。玉米、棉花等行距较大的作物，按照推荐的专用包膜控释肥施用量，一次性开沟基施于种子的下部或靠近种子的侧部 5～10 cm 处，注意硫包膜尿素以及包膜肥料与速效肥料的掺混肥不能与种子直接接触，以免烧种或烧苗。

稳定性肥料肥效期长，养分利用率高，增产效果明显，作物后期不缺肥。氮肥有效期长达 120 d，氮素利用率高达 42%～45%，比普通肥料高 30% 以上，可用于玉米、小麦、棉花等30多种作物，增产率为8%～18%。稳定性肥料多为高氮肥料，以复合肥形式施用时多为专用肥料，通常采用一次性施肥，种肥距离不少于7 cm。稳定性肥料一定结合当地种植结构及方式以及常规用肥习惯进行施用。稳定性肥料在玉米上施用可以一次性施用免追肥，在比常规施肥减少20%用量的情况下不减产，并且能"活秆成熟"；一般以25～55 kg/亩作底肥一次性施入，在打垄前施到垄底，也可种肥同播。稳定性肥料在小麦上施用可结合耕地以40～50 kg/亩作底肥施入，春季返青时追施氮肥一次。

（二）磷肥

磷肥当季利用率只有10%～25%，绝大多数土壤对磷有较强的吸持固定力，残留在土壤中的磷几乎不随水淋失，可以在土壤中积累起来。残留在土壤中的化学磷肥绝大部分被土壤吸附固定，仅有少部分以有效磷形态存在，二者之间存在动力学平衡，当土壤有效磷由于作物吸收而降低后，土壤吸附固定的磷可通过不同方式和速度释放而转化成有效磷库。被土壤所吸附固定的残留磷并不完全无效，使土壤有强大和持续的供磷能力。

1. 水溶性磷肥

水溶性磷肥包括普通过磷酸钙（普钙）、重过磷酸钙（重钙）和三料磷肥以及硝酸磷肥、磷酸一铵、磷酸二铵、磷酸二氢钾等。肥料中所含磷素养分均以磷酸二氢盐形式存在，溶解于水，施入土壤后解离为磷酸二氢根离子和相应的阳离子，易被植物直接吸收利用，肥效快。但水溶性磷肥在土壤中很不稳定，易受各种因素影响而转化成植物难以吸收的形态。如在酸性土壤中，能与铁、铝离子结合，生成难溶性磷酸铁、铝盐而被固定，失去对植物的有效性；在石灰性土壤中，除少量与铁、铝离子结合外，绝大部分与钙离子结合，转化成磷酸八钙和磷酸十钙，一般植物难以吸收利用。水溶性磷肥中有效养分虽能溶解于土壤溶液中，但移动性很小，一般不超过3 cm，大多数集中在施肥点周围0.5 cm范围内。水溶性磷肥既可作基肥，也可作追肥和种肥。

2. 弱酸溶性磷肥

弱酸溶性磷肥是难溶于水、能溶解于弱酸的一类肥料，包括钙镁磷肥、沉淀磷肥、脱氟磷肥和钢渣磷肥等。肥料中所含磷酸盐不溶于水，不能被植物直接吸收利用。但它能溶解于弱酸，如植物根系分泌出的有机酸或呼吸过程中产生的碳酸，对植物有一定肥效。弱酸溶性磷肥一般物理性状良好，不吸湿，不结块。弱酸溶性磷肥肥效慢而长。弱酸溶性磷肥发挥肥效，须具备酸和水，缺少任何一个都将无效。在酸性土壤中能逐步转化为植物可吸收形态，在石灰性土壤中则向难溶性磷酸盐转化。弱酸溶性磷肥还含有钙、镁、硅等多种成分，能为植物提供较多营养元素。

（三）钾肥

1. 速效钾肥

施用速效钾肥有氯化钾和硫酸钾，都溶于水，可被作物直接吸收利用，且养分含量较高（氯化钾含 K_2O 60%左右，硫酸钾含 K_2O 50%左右）；都是化学中性、生理酸性肥料，能增加土壤酸度。最适宜在中性或石灰性土壤上施用，在酸性土壤上应配合施用石灰。施入土壤后，钾离子被土壤胶粒吸附，移动性小，不易随水流失或淋失。氯化钾含有氯离子，不宜在盐碱地或忌氯作物上施用，如薯类、西瓜、葡萄、甜菜等，在其他地块或作物上应首选氯化钾。硫酸钾含硫酸根，虽可为植物提供硫素营养，但其含量远超过作物需要量，与钙结合后会生成溶解度较小的硫酸钙，长期施用后堵塞土壤孔隙，造成板结，应与有机肥配合施用。

2. 其他钾肥

草木灰中的钾素以碳酸钾为主，是速效性肥料，为化学碱性肥料，不能与铵态氮肥、腐熟的人粪尿等混合，沟施、穴施均可，尤其适宜作根外追肥，用10%～20%的水浸提液叶面喷施。也可用于浸种、拌种和盖秧田、蘸秧根等。

三、中微量元素肥料

中微量元素肥料种类多，品种也多，施用时注意针对性、高效性和毒害性。

（一）铁肥

铁是植物保持正常生长发育所必需的微量元素之一，对作物光合作用、呼吸作用和氮代谢具有重要影响，是许多酶的成分，参与 RNA 代谢、叶绿体中捕光器和叶绿素形成，还参与光合磷酸化作用和呼吸作用。作物体内的铁还原蛋白可激活叶绿素前体合成过程中的一种酶，影响叶绿素合成。铁是作物体内细胞色素酶、过氧化氢酶等重要酶的辅助因子。

缺铁茎叶叶脉间失绿黄化，严重时，整个新叶变黄，叶脉也逐渐变黄。老叶也表现出叶脉黄化的病症，叶缘或叶尖出现焦枯及坏死，继续发展则叶片脱落，植株生长停滞并死亡。玉米缺铁，上部嫩叶失绿、黄化，接着向中、下部叶发展，叶片呈现黄绿相间条纹，严重时叶脉黄化、叶片变白。小麦缺铁叶色黄绿，发生小斑点，嫩叶出现白色斑块或条纹，老叶早枯。

常用的铁肥有无机铁肥、有机铁肥、螯合铁肥。无机铁肥有硫酸铁、硫酸亚铁，硫酸铁和硫酸亚铁主要作基肥，也可作追肥。有机铁肥的代表主要有尿素铁络合物、黄腐酸二胺铁、EDTA 螯合铁等。EDTA 螯合铁主要用于基肥或者追肥，有机铁肥和螯合铁肥主要用于叶面喷施。果树上用作基肥使用量为 5～10 kg/亩；浸种使用浓度为 0.05%～0.1%，玉米等谷类种子浸泡时间为 2 h、大豆为 6～12 h；拌种每千克种子用肥 4 g；叶面喷施浓度 0.05%～3%，用肥 300～600 g/亩。

（二）锰肥

锰是植物叶绿素和叶绿体的组成成分，直接参与光合作用。植物缺锰，首先表现叶肉失绿，叶脉仍为绿色，禾本科作物为平行叶脉，失绿小片为长条形，双子叶植物为网状叶脉，失绿小片为圆形。叶脉间的叶片凸起，使叶片边缘起皱。严重时失绿小片扩大相连，叶片上出现褐色斑点，甚至烧灼显现，且停止生长。玉米缺锰症状是从叶尖到基部沿叶脉间出现与叶脉平行的黄绿色条纹，幼叶变黄，叶片柔软下垂，茎细弱，籽粒不饱满、排列不齐，根细而长。小麦缺锰时患病初期叶色褪淡，与叶脉平行处出现许多黄白色的细小斑点，病斑逐渐扩大，造成叶片离尖端 1/3 或 1/2 处折断下垂。病株须根少，且根细而短，有的变黑或变褐而坏死。植株生长缓慢，无分蘖或少分蘖。

锰肥属酸性肥，适用于马铃薯、小麦等作物。常用锰肥是硫酸锰，属水溶性速效锰，采用根外追肥、浸种或拌种等方法。硫酸锰的浸种浓度为 0.1%～0.2%，浸种时间 8 h；拌种时每千克种子用锰肥 4～8 g；根外追肥、苗期和生殖生长初期效果较好，大田作物喷施浓度为 0.05%～0.1%，果树喷施浓度为 0.3%～0.4%；作种肥时用量 4～8 kg/亩，最好与硫酸铵、氯化铵、氯化钾等生理酸性肥料或过磷酸钙以及有机肥混合施用，减少土壤固定。氯化锰为粉红色结晶，易溶于水，弱酸性，基肥、追肥用量为 1～4 kg/亩，可与生理酸性肥及农家肥混施。

（三）铜肥

铜在植物体内以络合物形态存在，且在植物体内的移动性决定于供应水平，供应水平高移动性大，反之则慢。铜也有变价功能，在植物生理代谢过程中，以铜酶形态参与氧化还原反应，铜蛋白参与碳水化合物和氮代谢，对植物木质化产生影响，与含氮有机化合物有很强亲和力，使病原体蛋白质破坏。铜是多酚氧化酶、酚酶成分，直接影响抗菌剂酚类物质及其氧化物的合成，增强多酚氧化酶的活性，提高作物的抗病能力。

缺铜叶片容易缺绿，从叶尖开始失绿、干枯和卷曲，禾本科植物症状基本相似，叶尖呈灰黄色，后变白色，分蘖多但不抽穗或穗很少，穗空发白，植株矮小顶枯和节间缩短像一丛草，严重时颗粒无收。玉米缺铜顶部和心叶变黄，生长受阻，植株矮小丛生，叶脉间失绿一直发展到基部，叶尖严重失绿或坏死，果穗很小。小麦缺铜上位叶片黄化，新叶叶尖黄白化，质薄，扭曲，披垂，易坏死，不能展开；老叶在叶舌处弯曲或折断，叶尖枯萎，叶鞘下部出现灰白色斑点，花器官发育不良。

铜肥属酸性肥，适于苹果、番茄等作物，可作基肥、种肥、追肥或根外追肥。只有硫酸铜溶于水。多用作基肥或浸拌种。重施于石灰砂壤土和肥沃富含钾、磷的土壤。浸种用水 10 kg，加铜肥 2 g，另加 5 g 氢氧化钙。根外喷洒肥量加倍，氢氧化钙加 100 g。掺拌种子 1 kg 仅需铜肥 1 g。

（四）锌肥

植物体内许多重要的酶的组成成分都含有锌，如 RNA 聚合酶、乙醇脱氢酶、铜锌超氧化物歧化酶、碳酸酐酶等。在糖酵解过程中，锌是磷酸甘油醛脱氢酶、乙酸脱氢酶等酶的活化剂。色氨酸是生长素的重要组成成分，锌能促进吲哚乙酸和丝氨酸合成色氨酸。锌通过影响二氧化碳的水合作用影响植物代谢，还是核糖体的重要组成元素。锌能促进植物生殖器官发育，提高植物抗逆性。

缺锌植株矮小，节间缩短，幼苗新叶基部变薄、变白变脆，呈半透明状继而向叶缘扩张，被风吹时易撕裂破碎，呈白绿相间，严重时叶梢由红变褐，整个叶片干枯死亡。玉米缺锌症为幼苗生长受阻并缺乏叶绿素，叶片叶脉间出现浅黄色或白色条纹，病株节间缩短，植株矮小，茎秆细弱，抽雄吐丝延迟，果穗发育不良，形成缺粒不满尖的果穗。小麦缺锌植株矮小，叶片主脉两侧失绿，形成黄绿相间条带，条带边缘清晰、下部老叶呈水渍状而干枯死亡；雄蕊发育不良，花药瘦小，花粉少，有时畸形无花粉，子房膨大，生育期推迟，有时边抽穗边分蘖，影响麦穗形成；根系不发达，抽穗迟，穗小，粒少。

锌肥属碱性肥，以硫酸锌为主，适用于各种作物，锌肥有七水硫酸锌、一水硫酸锌、氧化锌、氯化锌、木质素磺酸锌、环烷酸锌乳剂和螯合锌。锌肥可作基肥、追肥、种肥。七水硫酸锌可作基肥或者追肥，但在土壤中流动性较差，易被土壤固定。氯化锌为白色粉末或颗粒，溶于水，弱酸性，可叶面喷施，另加熟石灰作追肥。锌肥也可叶面喷施。

（五）硼肥

硼是植物正常生长发育所必需的微量营养元素之一，对植物生理功能起重要调节作用。合理施用硼肥促进植物生长发育，增加色素含量，提高光合效率和干物质积累。硼对植物体内生长素合成有重要作用，硼和酚类发生反应降低生长素含量，抑制吲哚乙酸活性使生长素含量适宜。硼有利于植物体内腺嘌呤转化为核酸，缺硼或过量硼营养导致植物体内核酸分解，加剧 RNA 和 DNA 含量下降，通过影响植物体内蛋白质和核酸代谢影响植物细胞伸长和生长，进而影响植物正常生长和发育。

缺硼植株生长点受阻，节间变短，植株矮化，顶端枯萎，并有大量腋芽簇生，叶片不平整，易变厚变脆，卷曲萎缩，叶柄短粗甚至开裂。缺硼使作物花少而且小，结实率或坐果率降低，空壳率高，甚至出现"花而不实"的现象。玉米缺硼植株新叶狭长，幼叶展开困难，且叶片簇生，直脉间组织变薄，呈白色半透明条纹，雄穗不易抽出，雌穗发育畸形，果穗短小畸形，靠近茎秆一边果穗皱缩缺粒且分布不规则，甚至形成空秆。小麦缺硼症状一般在新生组织先出现，表现为顶芽易枯死，开花持续时间长，有时边抽穗边分蘖，生育期延长；雄蕊发育不良，花药瘦小，花粉少或畸形，子房横向膨大，颖壳前后不闭合；后期枯萎。

硼肥以硼砂和硼酸应用最为普遍。硼砂为白色结晶或粉末，易溶于40 ℃热水，碱性。硼酸易溶于热水，弱酸性。可作基肥、种肥、种子处理和根外追肥，适用于油菜、大豆和果树等。

（六）钼肥

钼是植物中醛氧化酶、亚硫酸盐氧化酶、黄嘌呤脱氢酶、黄质氧化酶、硝酸还原酶和固氮酶的组成成分，参与核酸代谢、磷代谢和维生素代谢，对光合作用和糖代谢有影响。钼最重要的生理功能是参与植物氮代谢，特别是硝酸还原和氮固定过程，促进激素和嘌呤合成，提高植物抗寒能力、种子活力和休眠度，促进叶绿素合成，促进作物对磷吸收和无机磷向有机磷转化。

缺钼以豆科作物最为敏感，症状首先表现在老叶上，叶片叶脉间失绿。形成黄绿或橘红色的叶斑，严重时茎软弱，叶尖灰色，叶缘卷曲，凋萎以致坏死，继而向新叶发展，有时生长点死亡。豆科作物根瘤小而色淡，发育不良，开花结果延迟。玉米缺钼后在老叶上出现失绿或黄斑症状，叶尖易焦枯，严重时根系生长受阻，造成大面积植株死亡。小麦缺钼易在苗期，发病时叶色褪淡，发病初老叶叶片前半部沿叶脉平行出现细小白色斑点，后逐渐接连成线状，叶缘向叶面一侧卷曲、干枯，直至整株枯死或不能抽穗。

钼肥适用于豆科及十字花科作物，可作基肥、种肥、追肥，以钼酸盐应用较广泛。钼酸铵、钼酸钠常用于种子处理和根外追肥。

（七）钙肥

钙在植物体内一般分布在新陈代谢较旺盛的组织中，如幼嫩梢部、叶片、花、果实及其他分生组织中。植物吸收钙主要依靠蒸腾拉力。钙被转运到植株生长发育的器官之后，就很少发生再分配和转运；由于叶片蒸腾作用大于果实以及其他幼嫩部位，因而获得钙能力较强，钙的移动性在韧皮部相对较差，难以再运输和分配到果实及新生部位，因此发生缺钙。

缺钙症状首先出现在新生组织和果实上。缺钙时，植株生长受阻，节间较短，植株的顶芽、侧芽、根尖等分生组织首先出现缺素症，易腐烂死亡；幼叶卷曲畸形，叶缘变黄逐渐坏死；果实生长发育不良，出现病变。玉米缺钙时植株矮小，叶缘有时呈白色锯齿状不规则破裂，新叶尖端粘连，不能正常生长，老叶尖端出现棕色焦枯。小麦缺钙生长点及茎尖端死亡，植株矮小或簇生状，幼叶往往不能展开，长出的叶片缺绿，根系短，分枝多，根尖往往分泌透明黏液，呈球形附在根尖上。

常用的有石灰、石膏、含钙的氮磷钾肥等。石灰可作基肥和追肥，不能作种肥。施用时要撒施，力求均匀，防止局部土壤过碱或未施到，条播作物可少量条施。番茄、甘蓝等可在定植时少量穴施，不宜连续大量施用石灰。石灰肥料不能和铵态氮肥、腐熟的有机肥和水溶性磷肥混合施用，以免引起氮损失和磷退化导致肥效降低。碱土可施用石膏，一般施 25～30 kg/亩。水溶性钙肥可叶面喷施。

（八）镁肥

镁参与植物体内叶绿素的合成，参与蛋白质的合成，连接核糖体亚单位，将核糖体亚单位结合在一起，形成稳定的核糖体颗粒，为蛋白质合成奠定基础，是植物体内很多酶的活化剂，也是许多酶的重要合成物质，还参与许多酶促反应。

缺镁表现是叶绿素含量下降，出现失绿症。植株矮小，生长缓慢，双子叶植物脉间失绿，逐渐由淡绿色转变为黄色或白色，还会出现大小不一的褐色或紫红色斑点，严重时整个叶片坏死。作物缺镁老组织先出现症状，叶片通常失绿，始于叶尖和叶缘的脉间色变淡，由淡绿变黄再变紫，随后向叶基部和中央扩展，但叶脉仍保持绿色，在叶片上形成清晰脉纹，出现各种色泽晕斑。严重时叶片枯萎、脱落。玉米缺镁，下位叶先是叶尖前端脉间失绿，并逐渐向叶基部扩展，叶脉仍保持绿色，呈黄绿色相间条纹，有时局部出现绿斑，叶尖及前端叶缘呈现紫红色，严重时叶尖干枯，脉间失绿部分出现褐色斑点或条斑。小麦缺镁时叶片脉间出现黄色条纹，残留小绿斑相连成串如念珠状，心叶挺直，下位叶片下垂，老叶与新叶之间夹角大，有时下部叶缘出现不规则的褐色焦枯。

镁肥包括镁的氧化物、硫酸盐、碳酸盐、硝酸盐、氯化物和磷酸盐、硅酸盐等，有固态和液态。固态镁肥有的溶解性比较高，但也有的属微溶性。镁肥宜作基肥，也可作追肥和叶面喷施。在强酸性土壤上，适宜施用钙镁磷肥、白云石灰等缓效镁肥，在弱酸性土壤中，施用硫酸镁有利于作物生长。镁肥可作土壤基肥，也可作追肥和根外追肥，镁在植物生长发育前期作用较明显，适宜作基肥，但许多镁肥肥效并不持久，需追肥。

（九）硫肥

植物体内的硫脂是高等植物内同叶绿体相连的最普遍组分，硫以硫脂方式组成叶绿体基粒片层，硫氧还蛋白半胱氨酸-SH 在光合作用中传递电子，形成铁氧还蛋白的铁硫中心参与暗反应。硫是组成蛋白质的半胱氨酸、胱氨酸和蛋氨酸等含硫氨基酸的重要组成成分，蛋白质的合成常因胱氨酸、甲硫氨酸的缺乏而受到抑制。施硫提高作物必需氨基酸含量，尤其是甲硫氨酸，而甲硫氨酸在许多生化反应中可作为甲基供体，不仅是蛋白质合成起始物，也是评价蛋白质质量的重要指标。

硫在植物体内移动性差，缺硫症状先出现于幼叶。植物缺硫一般症状为植物发僵，新叶失绿黄化；双子叶植物缺硫症状明显，老叶出现紫红色斑；禾谷类植物缺硫开花和成熟期推迟，结实率低，籽粒不饱满。玉米缺硫初发时叶片叶脉间发黄，随后发展至叶色和茎部变红，先由叶边缘开始，逐渐伸延至叶片中心。幼叶多呈现缺硫症状，而老叶保持绿色。小麦缺硫通常表现为幼叶叶色发黄，叶脉间失绿黄化，而老叶仍为绿色，年幼分蘖趋向于直立。

硫肥主要有含硫化肥、石膏和硫黄、有机肥等。含硫化肥包括硫酸铵、过磷酸钙、硫酸钾、硫基复合肥等。石膏和硫黄也常作为硫肥施用，石膏可作基肥、追肥和种肥，提供硫素营养。

四、有机无机复合肥

有机无机复合肥中有机质部分具有分散多孔的结构以及含有较多的活性官能团，可通过影响化肥养分释放、转化和供应调节化肥养分供应，优化化肥养分利用效果。有机物料与化肥复配制成有机无机复合肥，有机物料对化肥成分产生改性作用以及相互间的交互作用，对养分尤其是化肥氮、钾素的释放和磷肥固定产生一定调节作用，促进作物对养分的吸收，不仅提高养分综合利用效率，对化肥养分利用率提高也有一定促进效果。施用有机无机复合肥料的土壤有机质和全氮均较等养分量的化肥高，但低于施用相同肥量的堆肥和秸秆有机肥，有机无机复合肥处理的土壤碱解氮、有效磷和速效钾相比单施化肥增加。有机—无机升级产品通过活性微生物成分的添加，增加土壤中有益优势菌群数量，改善作物根际环境，提高养分吸收利用程度，有助于有机无机复合肥料增产优势发挥。

有机无机复合肥可以作为基肥、追肥和种肥使用。但作为种肥的时候，避免与种子直接接触，避免有机物分解以及化肥对种子发芽产生不必要的危害。根据肥料中的有效成分含量和比例、土壤养分、作物种类和作物生长发育情况，确定合理的施用量。

五、水溶肥

水溶肥养分自由搭配，除能提供传统肥料所含有的氮、磷、钾等营养物质外，还可以自由搭配腐植酸、氨基酸、生长调节剂、农药等，水肥一体肥效利用率高。按照剂型分类可分为水剂型（清液型、悬浮型）和固体型（粉状、颗粒状）。按照肥料组分分类可分为养分类、植物生长调节剂类、天然物质类和混合类。按照肥料作用功能分类可分为营养型和功能型。一般而言，水溶性肥料含有作物生长所需要的全部营养元素，如 N、P、K、Ca、Mg、S 以及微量元素等，可根据作物生长所需要的营养需求特点来设计配方，满足作物对各种养分的均衡需求，并可根据作物不同长势对肥料配方作调整。植物的生长需要很多不同营养物质，主要有促进叶绿素合成，提升产量的氮；促进细胞分裂和幼苗加速成长的磷；使幼果快速膨大的钾；促进授粉受精，提高坐果率的硼；提升植株抗病能力的锌和促进光合作用、加速代谢的镁等。水溶肥可实现养分自由搭配，可根据农作物的品种和生长周期所需营养元素的特性，实现因品施肥和因时施肥。水肥一体是其最主要的特点，水溶肥施用方便，节约劳动力，节约作物用水量，节约肥料用量，肥效利用率高。

六、微生物肥料

微生物肥料是一类含有微生物的特定制剂，应用于农业生产中，能够获得特定的肥料效应。因其含有特定功能微生物，可诱导土壤有益微生物通过固氮、解磷、解钾和对其他元素的增溶作用来改善土壤养分。也可以产生生理活性物质，细菌肥料施入土壤后，可通过微生物的代谢活动产生各种生理活性物质，如植物维生素、酸类物质等，从而刺激调节植物生长发育。施用微生物肥料后功能微生物在土壤中繁殖，能够改变土壤微生物群落结构，为植物生长提供健康的环境。微生物肥料将土壤微生物群落调节到适当的水平，从而保持植物的健康。微生物肥料使土壤微生物多样性和丰富度增加，改变土壤微生物群落组成，使土壤中微生物群落丰度增加。细菌肥料控病机制主要是限制病原菌的定殖和传播，改变微生物环境平衡，促进植物生长，诱发植物产生抗性，产生铁载体将铁螯合起来，抑制有害微生物的生长，产生抗生素，如胞外溶解酶、氧化氰。微生物肥料改善土壤酶活性，对根际土壤中过氧化氢酶、蔗糖酶、碱性磷酸酶及脲酶等酶的活性有影响。微生物肥料促进土壤酶活性的增加，提高植物利用土壤中养分的能力，给植物生长提供良好的生存环境，对增加作物产量具有重要作用。微生物肥料激活植物系统抗性不仅表现在对病害的防治作用，有些细菌肥料的特殊微生物可提高宿主的抗旱性、抗盐碱性、抗极端温湿度和极端 pH 值、抗重金属毒害等能力，提高宿主植株的逆境生存能力。

第四节　主要作物推荐施肥及配套管理技术

一、养分平衡法计算施肥量

（一）基本原理与计算方法

养分平衡法涉及目标产量、作物需肥量、土壤供肥量、肥料利用率和肥料中有效养分含量五大参数。目标产量确定后因土壤供肥量的确定方法不同，形成了土壤有效养分校正系数法。土壤有效养分校正系数法是通过测定土壤有效养分含量来计算施肥量。其计算公式为：

$$作物目标产量所需养分量（kg）= \frac{目标产量（kg）}{100} × 百千克产量所需养分量（kg）$$

（二）参数确定

1. 目标产量

目标产量可采用平均单产法来确定。平均单产法是利用施肥区前 3 年平均单产和年递增率为基础确定目标产量，其计算公式为：

$$目标产量（kg/hm^2）=（1+递增率）× 前 3 年平均单产（kg/hm^2）$$

一般粮食作物的递增率以 10%～15% 为宜。

2. 作物需肥量

通过对正常成熟的农作物全株养分的分析，测定各种作物 100 kg 经济产量所需养分量，乘以目标产量即可获得作物需肥量（表 8-5）。

表 8-5　100 kg 经济产量所需养分　　　　　　　　　　单位：kg

作物	收获物	N	P_2O_5	K_2O
夏玉米	籽粒	2.57	0.86	2.14
大白菜	茎叶	1.82～2.6	0.9～1.1	3.2～3.7
萝卜	鲜块根	2.1～3.2	0.8～1.9	3.8～5.6
芥菜	鲜块根	5.4	1.4	5.6

3. 土壤供肥量

土壤供肥量可以通过测定基础产量、土壤有效养分校正系数两种方法估算：

$$土壤有效养分校正系数（\%）= \frac{缺素区作物地上部分吸收该元素量（kg/亩）}{该元素土壤测定值（mg/kg）×0.15}$$

$$施肥量 = \frac{作物单位产量养分吸收量×目标产量-土壤测试值×0.15×土壤有效养分校正系数}{肥料中养分含量×肥料利用率}$$

通过土壤有效养分校正系数估算：将土壤有效养分测定值乘一个校正系数，以表达土壤"真实"供肥量。该系数称为土壤有效养分校正系数。

测定土壤中速效养分含量，然后计算出 1 hm² 地块的养分。1 hm² 地表土按深 20 cm 计算，共有 225 万 kg 土，如果土壤碱解氮的测定值为 83 mg/kg，有效磷含量测定值为 24.6 mg/kg，速效钾含量测定值为 150 mg/kg，则 1 hm² 地块土壤碱解氮的总量为 $225×10^4$ kg×83 mg/kg×10^{-6} = 186.75 kg，有效磷总量为 55.35 kg，速效钾总量为 337.5 kg。由于多种因素影响土壤养分的有效性，土壤中所有的有效养分并不能全部被植物吸收利用，需要乘以一个土壤养分校正系数。我国各省配方施肥参数研究表明，碱解氮的校正系数为 0.3～0.7，有效磷（Olsen 法）的校正系数为 0.4～0.5，速效钾的校正系数为 0.5～0.85。

4. 肥料利用率

一般通过差减法来计算：利用施肥区作物吸收的养分量减去不施肥区作物吸收的养分量，其差值视为肥料供应的养分量，再除以所用肥料养分量就是肥料利用率。氮、磷、钾肥利用率分别为：氮 30%～45%、磷 25%～30%、钾 20%～40%；有机类肥料中腐熟人畜粪便肥为 20%～40%、厩肥为 15%～30%、土杂肥为 5%～30%。

$$肥料表现利用率 = \frac{施肥区作物吸收养分量（kg/亩）-缺素区作物吸收养分量（kg/亩）}{肥料施用量（kg/亩）\times 肥料中养分含量（\%）} \times 100\%$$

5. 肥料养分含量

供试肥料包括无机肥料与有机肥料。无机肥料、商品有机肥料含量按其标明量，不明养分含量的有机肥料养分含量可参照当地不同类型有机肥养分平均含量获得（表 8-6）。

表 8-6　各种肥料养分含量

肥料	养分含量	肥料	养分含量
尿素	含 N 46%	磷酸二铵	含 N 18%，含 P_2O_5 46%
氯化钾	含 K_2O 60%	磷酸一铵	含 N 11%，含 P_2O_5 44%
硫酸钾	含 K_2O 50%	过磷酸钙	含 P_2O_5 16%

二、夏玉米施肥指标体系、推荐配方及施肥指导

1. 夏玉米施肥指标体系

根据武强县土壤养分供应状况和夏玉米需肥规律，制定该县夏玉米施肥指标体系，推荐施肥配方见表 8-7 和表 8-8。

表 8-7　武强县夏玉米施肥指标体系

目标产量/ （kg/亩）	土壤有机质含量/ （g/kg）	土壤全氮含量/ （g/kg）	推荐施纯 N 量/ （kg/亩）	土壤有效磷含量/ （mg/kg）	推荐施 P_2O_5 量/ （kg/亩）	土壤速效钾含量/ （mg/kg）	推荐施 K_2O 量/ （kg/亩）
<600	<10	≤0.90	14	<10	6	<80	7
	[10，15）	(0.90，1.20]	13	[10，15）	5	[80，120）	6
	[15，20）	(1.20，1.50）	12	[15，25）	4	[120，150）	5
	≥20	>1.50	11	≥25	3	≥150	4

（续表）

目标产量/ （kg/亩）	土壤有机 质含量/ （g/kg）	土壤全氮 含量/ （g/kg）	推荐施 纯 N 量/ （kg/亩）	土壤有效 磷含量/ （mg/kg）	推荐施 P_2O_5 量/ （kg/亩）	土壤速效 钾含量/ （mg/kg）	推荐施 K_2O 量/ （kg/亩）
	<10	≤0.90	15	<10	7	<80	8
[600, 650)	[10, 15)	(0.90, 1.20]	14	[10, 15)	6	[80, 120)	7
	[15, 20)	(1.20, 1.50]	13	[15, 25)	5	[120, 150)	6
	≥20	>1.50	12	≥25	4	≥150	5
	<10	≤0.90	—	<10	8	<80	—
[650, 700)	[10, 15)	(0.90, 1.20]	15	[10, 15)	7	[80, 120)	8
	[15, 20)	(1.20, 1.50]	14	[15, 25)	6	[120, 150)	7
	≥20	>1.50	13	≥25	5	≥150	6
	<10	≤0.90	—	<10	8	<80	—
≥700	[10, 15)	(0.90, 1.20]	16	[10, 15)	8	[80, 120)	9
	[15, 20)	(1.20, 1.50]	15	[15, 25)	8	[120, 150)	8
	≥20	>1.50	14	≥25	6	≥150	7

表 8-8　武强县夏玉米推荐施肥配方

施肥方式	N/ %	P_2O_5/ %	K_2O/ %	总养分/ %	复合肥 配方	土壤供肥 状况	施用 时期
种肥同播	30	7	7	44	30-7-7	高磷高钾区	种肥
种肥同播	26	10	15	51	26-10-15	中磷低钾区	种肥
种肥同播	30	12	5	47	30-12-5	低磷高钾区	种肥
追肥	30	0	5	35	30-0-5	高磷低钾区	拔节—抽雄期
追肥	46	0	0	46	46-0-0	中磷中钾区	拔节—抽雄期

注：一次性种肥同播施入土壤，后期不再追肥，底肥含有缓控释效果的掺混肥或者复合肥 40～45 kg/亩；有条件的地块可施用颗粒状商品有机肥 150～200 kg/亩或颗粒状生物有机肥 80～100 kg/亩，掺混肥或复合肥用量可以减少 10%～20%。缺锌的地块底肥增施硫酸锌 1.5～2 kg/亩。有水肥一体化灌溉条件的可以结合灌水在大喇叭口期、抽雄吐丝和灌浆初期根据玉米长势追施含氮或者氮、钾的肥料 8～9 kg/亩。

2. 夏玉米推荐施肥及管理建议

（1）选择适宜高产品种，进行药剂拌种，减轻病害发生率，防治地下害虫。

（2）小麦收获后及时抢茬直播，一般于 6 月 5～15 日播种。采用 55～60 cm 等行距或大小行足墒机械播种，根据土壤墒情浇水。播种量为 2.5～3 kg/亩。播种时墒情不好的，播后及时浇灌蒙头水，确保全苗。

（3）紧凑型品种留苗密度 5 000 株/亩，平展型品种 4 000～4 500 株/亩。

（4）科学施肥。

①夏玉米以化肥为主，平衡氮、硫、磷、锌营养，建议采用种肥同播机械，一次性将种子和肥料同时施入土壤，后期不再追肥。

②根据土壤供肥情况，底肥选择施用含有缓控释效果的掺混肥或者复合肥 40～45 kg/亩；有条件的地块可施用颗粒状商品有机肥 150～200 kg/亩或颗粒状生物有机肥 80～100 kg/亩，施用商品有机肥或者生物有机肥的地块，掺混肥或复合肥可以减至 30～35 kg/亩。缺锌地块增施硫酸锌 1.5～2 kg/亩。

③有水肥一体化灌溉条件的地块，可以结合灌水在大喇叭口期、抽雄吐丝和灌浆初期根据玉米长势情况，追施含氮或氮、钾的肥料 8～9 kg/亩。

（5）播种后，及时进行化学除草，并注意后期病虫害防治。主要有黏虫、蓟马、玉米螟、二点委夜蛾、草地贪叶蛾、病毒病、粗缩病等。

（6）玉米成熟期即籽粒乳线基本消失时收获，收获后及时晾晒。玉米收获后，及时进行秸秆还田。

三、大白菜施肥指标体系、推荐施肥配方及管理建议

1. 大白菜施肥指标体系

根据武强县土壤养分供应状况和大白菜需肥规律，制定该县大白菜施肥指标体系，推荐施肥配方见表 8-9 和表 8-10。

表 8-9　大白菜施肥指标体系

目标产量/（kg/亩）	土壤有机质含量/（g/kg）	土壤全氮含量/（g/kg）	推荐施纯 N 量/（kg/亩）	土壤有效磷含量/（mg/kg）	推荐施 P_2O_5 量/（kg/亩）	土壤速效钾含量/（mg/kg）	推荐施 K_2O 量/（kg/亩）
≤4 000	≤15	≤0.90	14	≤15	4	<80	7
	(15, 20]	(0.90, 1.20]	13	(15, 25]	3	[80, 120)	6
	(20, 25]	(1.20, 1.50]	12	(25, 30]	2	[120, 150)	5
	>25	>1.50	11	>30	—	≥150	—
(4 000, 4 500]	≤15	≤0.90	15	≤15	5	<80	8
	(15, 20]	(0.90, 1.20]	14	(15, 25]	4	[80, 120)	7
	(20, 25]	(1.20, 1.50]	13	(25, 30]	3	[120, 150)	6
	>25	>1.50	12	>30	2	≥150	5

（续表）

目标产量/（kg/亩）	土壤有机质含量/（g/kg）	土壤全氮含量/（g/kg）	推荐施纯N量/（kg/亩）	土壤有效磷含量/（mg/kg）	推荐施P_2O_5量/（kg/亩）	土壤速效钾含量/（mg/kg）	推荐施K_2O量/（kg/亩）
(4 500, 5 000]	≤15	≤0.90	16	≤15	6	<80	9
	(15, 20]	(0.90, 1.20]	15	(15, 25]	5	[80, 120)	8
	(20, 25]	(1.20, 1.50]	14	(25, 30]	4	[120, 150)	7
	>25	>1.50	13	>30	3	≥150	6
>5 000	≤15	≤0.90	17	≤15	—	<80	
	(15, 20]	(0.90, 1.20]	16	(15, 25]	6	[80, 120)	9
	(20, 25]	(1.20, 1.50]	15	(25, 30]	5	[120, 150)	8
	>25	>1.50	14	>30	4	≥150	7

表8-10　大白菜施肥推荐配方

施肥时期	N/%	P_2O_5/%	K_2O/%	总养分/%	复合肥配方	土壤供肥状况
基肥	20	15	5	40	20-15-5	低磷高钾区
基肥	20	12	12	44	20-12-12	低磷低钾区
基肥	25	10	8	43	25-10-8	中磷中钾区
莲座期	30	0	10	40	30-0-10	
结球期	20	0	20	40	20-0-20	

注：根据土壤养分状况和大白菜目标产量确定，基肥施用腐熟有机肥2 500～3 000 kg/亩或者商品有机肥300～400 kg/亩，配施配方肥25～30 kg/亩；莲座期和结球期结合浇水分别追施含氮、钾的水溶肥每次5～7 kg/亩。

2. 大白菜推荐施肥及管理建议

（1）施肥原则。提倡有机无机肥料配合施用；按照控氮、稳磷、增钾的原则，注重平衡施肥，调整基肥、追肥比例，肥料施用需要与高效栽培及病虫害绿色防控技术等相结合。

（2）施肥技术。

①苗床施肥。大白菜适合育苗移栽，一般采用苗床育苗，苗床添加腐熟的优质农家肥或有机肥与疏松土壤混匀，在3～4片真叶时可喷施1次肥水，视苗情而定。

②基肥。移栽前基肥氮用量为全生育期总氮用量的50%，基肥钾用量为总用量的40%～50%，有机肥、磷肥和中微量元素可以全部一次性作基肥施用。根据土壤养分状

况和大白菜目标产量,施用腐熟有机肥 2 500～3 000 kg/亩或者商品有机肥 300～400 kg/亩,配施配方肥 25～30 kg/亩。

③莲座期追肥。莲座期是大白菜生长速度和生长量比较大的时期,是产量形成的重要时期,充足的肥力供应保证莲座叶旺盛生长。一般莲座期结合水肥一体化施用含氮、钾的水溶肥 5～7 kg/亩;也可以施用尿素 3～5 kg/亩,配施硫酸钾 2～3 kg/亩。

④结球期追肥。结球初期对氮素需要较高,要施一次氮肥。结球中期根据土壤肥力状况进行追肥。一般结球初期结合水肥一体化施用含氮、钾水溶肥 5～6 kg/亩,也可以施用尿素 4～5 kg/亩和硫酸钾 3～4 kg/亩。

⑤叶面喷施。在生长期间喷施 0.25%～0.5%的硝酸钙溶液,减少干烧心发生率。在结球初期喷施 0.5%～1.0%尿素或 0.2%磷酸二氢钾溶液,喷施 2 次,每 10 d 喷施 1次,提高净菜率。

四、萝卜施肥指标体系、推荐施肥配方及管理建议

1. 萝卜施肥指标体系和推荐施肥配方

根据武强县土壤养分供应状况和萝卜需肥规律,制定萝卜施肥指标体系,推荐施肥配方见表 8-11 和表 8-12。

表 8-11 萝卜施肥指标体系

目标产量/ (kg/亩)	土壤有机质含量/ (g/kg)	土壤全氮含量/ (g/kg)	推荐施纯 N 量/ (kg/亩)	土壤有效磷含量/ (mg/kg)	推荐施 P_2O_5 量/ (kg/亩)	土壤速效钾含量/ (mg/kg)	推荐施 K_2O 量/ (kg/亩)
≤2 000	≤15	≤0.90	12	≤15	4	<80	9
	(15,20]	(0.90,1.20]	11	(15,25]	3	[80,120)	7
	(20,25]	(1.20,1.50]	10	(25,30]	2	[120,150)	6
	>25	>1.50	9	>30	—	≥150	5
(2 000,3 000]	≤15	≤0.90	13	≤15	5	<80	9
	(15,20]	(0.90,1.20]	12	(15,25]	4	[80,120)	8
	(20,25]	(1.20,1.50]	11	(25,30]	3	[120,150)	7
	>25	>1.50	10	>30	2	≥150	6
(3 000,4 000]	≤15	≤0.90	14	≤15	6	<80	10
	(15,20]	(0.90,1.20]	13	(15,25]	5	[80,120)	9
	(20,25]	(1.20,1.50]	12	(25,30]	4	[120,150)	8
	>25	>1.50	11	>30	3	≥150	7

（续表）

目标产量/ （kg/亩）	土壤有机 质含量/ （g/kg）	土壤全氮 含量/ （g/kg）	推荐施 纯 N 量/ （kg/亩）	土壤有效 磷含量/ （mg/kg）	推荐施 P₂O₅量/ （kg/亩）	土壤速 效钾含量/ （mg/kg）	推荐施 K₂O 量/ （kg/亩）
	≤15	≤0.90	16	≤15	—	<80	—
>4 000	(15,20]	(0.90,1.20]	14	(15,25]	6	[80,120)	10
	(20,25]	(1.20,1.50]	13	(25,30]	5	[120,150)	9
	>25	>1.50	12	>30	4	≥150	8

表 8-12 萝卜施肥推荐配方

施肥 时期	N/ %	P₂O₅/ %	K₂O/ %	总养分/ %	复合肥 配方	土壤供肥 状况
基肥	18	22	11	51	18-22-11	低磷高钾区
基肥	15	17	19	51	15-17-19	低磷低钾区
基肥	20	13	15	48	20-13-15	中磷中钾区
追肥	20	5	25	50	20-5-25	
追肥	15	0	30	45	15-0-30	

注：根据土壤养分状况和萝卜目标产量确定，基肥施用腐熟有机肥 2 500～3 000 kg/亩或者商品有机肥 300～400 kg/亩，配施配方肥 30～35 kg/亩；肉质根膨大前期和肉质根膨大盛期结合浇水分别追施含氮高钾肥料 10～15 kg/亩。

2. 萝卜推荐施肥管理建议

（1）施肥原则。萝卜在不同生育期中吸收氮、磷、钾数量的差别很大，一般幼苗期吸氮量较多，磷、钾的吸收量较少；进入肉质根膨大前期，植株对钾吸收量显著增加，其次为氮和磷；到了肉质根膨大盛期是养分吸收高峰期。萝卜与其他十字花科蔬菜一样，由于土壤干旱等原因容易导致出现缺钙或缺硼症状。

（2）施肥技术。

①基肥。基肥施用农家肥 2 500～3 000 kg/亩（或商品有机肥 300～400 kg/亩），配合施用配方肥 30～35 kg/亩（或施用尿素 5～6 kg/亩、磷酸二铵 13～17 kg/亩、硫酸钾 5～7 kg/亩）。

②追肥。肉质根膨大期是养分吸收高峰期。肉质根膨大前期，追施含氮、钾的配方肥 15～18 kg/亩（或施尿素 10～12 kg/亩、硫酸钾 8～9 kg/亩）。肉质根膨大盛期，追施含氮、钾的配方肥 10～12 kg/亩（或施尿素 7～8 kg/亩、硫酸钾 4～5 kg/亩）。

③叶面喷施。在生长中后期，可用 0.3% 的硝酸钙和 0.2% 硼酸叶面喷施 2～3 次，

以防缺钙、缺硼。也可叶面喷施 0.2% 的磷酸二氢钾以提高产量和品质。

五、芥菜施肥指标体系、推荐施肥配方及管理建议

1. 芥菜施肥指标体系和推荐施肥配方

根据武强县土壤养分供应状况和芥菜需肥规律，制定芥菜施肥指标体系，推荐施肥配方见表 8-13 和表 8-14。

表 8-13　芥菜施肥指标体系

目标产量/（kg/亩）	土壤有机质含量/（g/kg）	土壤全氮含量/（g/kg）	推荐施纯N量/（kg/亩）	土壤有效磷含量/（mg/kg）	推荐施P_2O_5量/（kg/亩）	土壤速效钾含量/（mg/kg）	推荐施K_2O量/（kg/亩）
≤2 000	≤15	≤0.90	10	≤15	4	<80	8
	(15,20]	(0.90,1.20]	9	(15,25]	3	[80,120)	7
	(20,25]	(1.20,1.50]	8	(25,30]	2	[120,150)	6
	>25	>1.50	7	>30	—	≥150	5
(2 000,2 500]	≤15	≤0.90	11	≤15	4	<80	9
	(15,20]	(0.90,1.20]	10	(15,25]	3	[80,120)	8
	(20,25]	(1.20,1.50]	9	(25,30]	2	[120,150)	7
	>25	>1.50	8	>30	—	≥150	6
(2 500,3 000]	≤15	≤0.90	12	≤15	5	<80	10
	(15,20]	(0.90,1.20]	11	(15,25]	4	[80,120)	9
	(20,25]	(1.20,1.50]	10	(25,30]	3	[120,150)	8
	>25	>1.50	9	>30	2	≥150	7
>3 000	≤15	≤0.90	13	≤15	—	<80	—
	(15,20]	(0.90,1.20]	12	(15,25]	5	[80,120)	10
	(20,25]	(1.20,1.50]	11	(25,30]	4	[120,150)	9
	>25	>1.50	10	>30	3	≥150	8

表 8-14　芥菜施肥推荐配方

施肥时期	N/%	P_2O_5/%	K_2O/%	总养分/%	复合肥配方	土壤供肥状况
基肥	18	20	10	48	18-20-10	低磷高钾区
基肥	15	17	18	50	15-17-18	低磷低钾区
基肥	20	13	15	48	20-13-15	中磷中钾区

（续表）

施肥时期	N/%	P₂O₅/%	K₂O/%	总养分/%	复合肥配方	土壤供肥状况
追肥	20	5	20	45	20-5-20	
追肥	15	0	30	45	15-0-30	

注：根据土壤养分状况和芥菜目标产量确定，基肥施用腐熟有机肥 2 500～3 000 kg/亩或者商品有机肥 300～400 kg/亩，配施配方肥 30～35 kg/亩；在定苗后、莲座期、肉质根膨大前期和盛期等关键生育时期可结合浇水分别追施含氮、钾的肥料每次 8～12 kg/亩。

2. 芥菜推荐施肥管理建议

（1）基肥。基肥施用农家肥 2 500～3 000 kg/亩（或商品有机肥 300～400 kg/亩），根据土壤供肥状况选择配合施用配方肥 30～35 kg/亩（或施用尿素 5～6 kg/亩、磷酸二铵 13～15 kg/亩、硫酸钾 6～7 kg/亩）。

（2）追肥。间苗定苗后，施用高氮肥料 5～6 kg/亩。莲座期，施用含有氮、钾的肥料 5～6 kg/亩（或施尿素 2～4 kg/亩、硫酸钾 3～5 kg/亩）。肉质根膨大前期，追施含氮、钾的配方肥 7～8 kg/亩（或施尿素 3～4 kg/亩、硫酸钾 4～5 kg/亩）。肉质根膨大盛期，追施含氮、钾的配方肥 8～10 kg/亩（或施尿素 4～5 kg/亩、硫酸钾 5～6 kg/亩）。

（3）叶面喷施。进入幼苗期，可叶面喷施 0.1%～0.25% 的硼酸。在生育初期可喷 0.02%～0.05% 的钼酸铵溶液，在露肩后，每周叶面喷施 1 次 0.3% 的硝酸钙。

第九章　化肥减量增效技术

第一节　化肥减量增效技术

一、化肥减量增效的概念

化肥是重要的农业生产资料，是粮食的"粮食"，长期在提高粮食单位面积产量、保障粮食安全中发挥着重要作用。但是逐年增加的单位面积化肥使用量推高了农业生产成本，造成了日益严重的环境污染，威胁到农业可持续发展。因此，农户过量施肥已经发展成为农业绿色生产形成的限制性因素，抑制农业生产中化肥使用量已经在学界形成共识，实施农业绿色发展有利于改变传统的生产方式。

化肥减量增效指的是减少化肥的过量施用，提高利用率，优化产地环境，提升产品质量。首先，严格管控化肥用量。结合地区的地块环境与土壤条件检测肥分，依据不同作物的养分需求科学制订单位面积的施肥标准，可以精准控制化肥用量，还可以杜绝盲目施肥等不利于农业发展的行为。其次，确保肥料配比适中。农业生产期间农户应优化氮、磷、钾肥的使用配比，确保各种养分比例适中，实现大量元素、微量元素以及有机肥、无机肥的有机配合，可推动农业健康、持续发展。最后，提高耕地地力。农业生产中农户可用有机肥替代化肥，还可进行有机肥无机肥的联合使用。条件允许情况下，农户应尽可能使用有机肥，少量使用或不用化肥，可以提高耕地的肥力。化肥减量增效是形势的需要，是发展的必然。

二、化肥减量增效的技术措施

（一）测土配方施肥技术

为实现化肥减量增效，可在农作物种植过程中实施测土配方施肥技术。该技术指的是基于所种植的农作物，在了解其生长特性和肥料需求规律之后，取样检测种植区域的土壤，了解土壤的供肥性能、肥料效应，然后据此来制订适宜的施肥计划。合理施用有机肥料，并基于此来选择氮肥、磷肥、钾肥及微量元素肥料的施加量，确定适宜的施肥时期，采取科学的施肥方式，从而保障农作物的健康生长。实施测土配方施肥技术，能够有效为农作物补充生长过程中所需的营养元素，具有针对性，可保障农作物生长养分的均衡性，有利于提高农作物的产量，减少不必要的化学肥料投入，对农业生态环境起到了一定的保护作用。

（二）有机肥替代技术

为了减少化肥对农业带来的污染，采用有机肥逐步替代化肥，减少化肥的危害。首先，化肥营养成分高，肥效快但养分含量单一，不持久；有机肥种类多，养分全，肥效长，但养分低，需大量施用，二者配合施用可取长补短，供给作物所需的养分。其次，化肥长期施用会破坏土壤的团粒结构，造成土壤板结；有机肥含有丰富的有机质，可改善土壤环境，调节土壤酸碱度，改善土壤的透气性、透水性，二者结合施用可改良土壤结构，促进农业可持续发展。再次，有机肥和化肥混合搭配，可以减少化肥施用量，一方面减少化肥施用对土壤的污染，另一方面则可以降解土壤中化肥农药残留。最后，开发有机肥资源，结合养殖场建立沼气池，将沼渣沼液还田，秸秆还田，农作物收获后将秸粉碎，重新施到土壤中，改善土壤环境，增加土壤有机质含量，提高土壤肥力，进而减少化肥施用量。

（三）秸秆还田技术

秸秆还田是利用秸秆而进行还田的措施，是世界上普遍重视的一项化肥减施增效的增产措施，在杜绝了秸秆焚烧所造成的大气污染的同时还有增肥增产作用。秸秆还田能增加土壤有机质，改良土壤结构，使土壤疏松，孔隙度增加，促进微生物活力和作物根系的发育。秸秆还田增肥增产作用显著，一般可增产 5%～10%，但若方法不当，也会导致土壤病菌增加，作物病害加重及缺苗（僵苗）等不良现象。因此采取合理的秸秆还田措施，才能起到良好的还田效果。

（四）新型肥料技术

示范推广精制有机肥、有机无机复混肥料、有机肥、微生物肥料、叶面肥、缓控释肥及其他新型肥料、制剂，能够直接或间接地为作物提供必需的营养成分，调节土壤酸碱度、改良土壤结构、改善土壤理化性质和生物学性质，调节或改善作物的生长机制，提高肥料的利用率。

（五）肥料机械深施技术

机械深施技术是利用深施机具，根据农业生产要求将化肥施于地表以下，使种肥分离，避免出现烧种烧苗现象，既能减少肥料挥发流失又能被作物充分地吸收利用，充分发挥肥料的作用，提高农作物的产量，达到节肥增效的目的。机械化深施技术主要有种肥深施、底肥深施和追肥深施。种肥深施是指种肥间形成 3 cm 以上土壤隔离层。底肥深施是指与土壤耕地翻地相结合，施肥深度 6~10 cm，肥带宽度 3~5 cm。追肥深施指追肥深度 6~10 cm，追肥部位在作物株行两侧的 10~20 cm，肥带宽大于 3 cm，施肥后覆土。

第二节 缓控释氮肥替代普通氮肥技术

一、玉米氮肥利用率研究

1. 试验处理及方法

选择武强县武强镇北小范村、豆村镇吉家屯村红旗农场和豆村镇豆村 3 个地块开展试验，土壤养分状况见表 9-1。玉米供试品种分别为禧玉 115、沃玉 3 和京科 399，播种日期为 2022 年 6 月 17 日，采用等行距种植形式，平均行距 60 cm，底肥采用种肥同播，氮、磷、钾肥全部底施。于播种后 2~3 d 进行第一次浇水，在玉米出苗后喷施除草剂进行化学除草，6 月 25 日采用烟嘧磺隆氯氟氢菊酯进行除草杀虫，7 月 10 日防治玉米钻心虫，7 月 18 日按方案追施尿素，10 月 10 日左右收获测产，具体施肥量见表 9-2。

表 9-1 各试验地耕层土壤养分状况

地点	容重/ （g/cm³）	pH 值	有机质/ （g/kg）	全氮/ （g/kg）	有效磷/ （mg/kg）	速效钾/ （mg/kg）	缓效钾/ （mg/kg）
北小范村	1.30	8.18	21.27	1.457	14.24	139	967
吉家屯村	1.35	8.07	20.19	1.456	21.80	261	1 183
豆村	1.24	8.31	14.38	0.641	15.36	123	883

表 9-2 各试验处理纯养分用量　　　　单位：kg/hm²

地点	处理	代号	底肥			全生育期施肥总量		
			N	P₂O₅	K₂O	N	P₂O₅	K₂O
北小范村	不施氮肥	PK	—	75	105	—	75	105
	不施磷肥	NK	225	—	105	225	—	105
	不施钾肥	NP	225	75	—	225	75	—
	施氮磷钾肥	NPK	225	75	105	225	75	105

（续表）

地点	处理	代号	底肥			全生育期施肥总量		
			N	P_2O_5	K_2O	N	P_2O_5	K_2O
吉家屯村	不施氮肥	PK	—	75	105	—	75	105
	不施磷肥	NK	225	—	105	225	—	105
	不施钾肥	NP	225	75	—	225	75	—
	施氮磷钾肥	NPK	225	75	105	225	75	105
豆村	不施氮肥	PK	—	75	105	—	75	105
	不施磷肥	NK	225	—	105	225	—	105
	不施钾肥	NP	225	75	—	225	75	—
	施氮磷钾肥	NPK	225	75	105	225	75	105

2. 玉米产量及其构成因素

由表9-3可知，武强县北小范村、吉家屯村和豆村NPK处理的玉米籽粒产量平均分别较PK、NK、NP处理提高47.43%～56.55%、30.19%～40.44%、12.97%～15.18%。结合土壤肥力配施玉米NPK肥，能够显著提高玉米产量。

表9-3 不同处理对玉米产量及其构成因素的影响

地点	处理	籽粒产量/（kg/hm²）	茎叶干重/（kg/hm²）	草谷比
北小范村	CK	7 771.50	8 447.55	1.09
	PK	8 295.15	8 687.25	1.05
	NK	9 887.25	10 736.55	1.09
	NP	10 808.85	11 641.20	1.08
	NPK	12 317.10	13 069.05	1.06
吉家屯村	CK	5 939.40	6 649.05	1.12
	PK	6 721.35	7 411.95	1.10
	NK	9 130.95	9 755.55	1.07
	NP	9 701.55	10 354.95	1.07
	NPK	10 695.00	11 521.35	1.08
豆村	CK	6 596.55	7 585.05	1.15
	PK	7 745.10	8 589.45	1.11
	NK	9 639.60	10 301.25	1.07
	NP	10 738.95	11 623.50	1.08
	NPK	11 789.40	13 027.08	1.11

3. 玉米植株养分含量及氮肥效率

由表 9-4 可知，成熟期氮素主要集中在玉米籽粒中，籽粒中的全氮、全磷含量平均高于茎叶，全钾含量平均低于茎叶。可知，北小范村施氮磷钾肥处理的玉米籽粒养分含量较不施氮肥、不施磷肥、不施钾肥处理分别提高 0.47%、0.12%、0.63%，施氮磷钾肥处理的玉米秸秆养分含量较不施氮肥、不施磷肥、不施钾肥处理分别提高 0.58%、0.54%、0.46%。吉家屯村施氮磷钾肥处理的玉米籽粒养分含量较不施氮肥、不施磷肥、不施钾肥处理分别提高 0.55%、0.55%、0.59%，施氮磷钾肥处理的玉米秸秆养分含量较不施氮肥、不施磷肥、不施钾肥处理分别提高 0.62%、0.66%、0.27%。豆村施氮磷钾肥处理的玉米籽粒养分含量较不施氮肥、不施磷肥、不施钾肥处理分别提高 0.64%、0.80%、0.64%，施氮磷钾肥处理的玉米秸秆养分含量较不施氮肥、不施磷肥、不施钾肥处理分别提高 0.86%、0.66%、0.35%。与缺肥处理比，施氮磷钾肥有利于玉米植株养分的积累。豆村氮肥利用率最高，达到了 42.69%。说明施氮磷钾肥可以促进植株养分的吸收，有利于玉米产量的形成，同时增加地上部产量。

表 9-4　不同处理玉米植株养分含量与氮肥效率

地点	处理	籽粒养分含量/（g/kg）			茎叶养分含量/（g/kg）			氮肥利用率/%		
		全氮	全磷	全钾	全氮	全磷	全钾	N	P₂O₅	K₂O
北小范村	CK	14.35	6.12	4.91	8.98	2.62	14.20	—	—	—
	PK	14.37	6.07	5.02	9.05	2.59	14.28	—	—	—
	NK	14.36	6.12	5.07	9.10	2.59	14.24	—	—	—
	NP	14.41	6.10	4.91	9.07	2.61	14.27	—	—	—
	NPK	14.45	6.16	4.97	9.12	2.62	14.33	41.87	22.11	21.46
吉家屯村	CK	14.35	6.12	4.91	8.98	2.62	14.20	—	—	—
	PK	14.37	6.07	5.02	9.05	2.59	14.28	—	—	—
	NK	14.35	6.13	4.98	9.02	2.59	14.30	—	—	—
	NP	14.41	6.14	4.90	9.07	2.63	14.31	—	—	—
	NPK	14.47	6.18	4.95	9.09	2.63	14.36	42.59	20.21	21.59
豆村	CK	14.17	5.87	5.11	8.42	2.39	14.94	—	—	—
	PK	14.15	5.86	5.12	8.42	2.38	14.93	—	—	—
	NK	14.16	5.85	5.08	8.39	2.38	15.01	—	—	—
	NP	14.17	5.87	5.09	8.43	2.41	15.02	—	—	—
	NPK	14.24	5.93	5.12	8.45	2.42	15.08	42.69	27.37	26.26

二、玉米氮肥利用率对耕地与环境的影响

氮素是玉米生产中最重要的产量限制因子之一，施用氮肥是玉米获得高产的重要措施。随着土壤氮素肥力水平和作物基础产量的不断提高，氮肥的增产效应和合理施用一直是关系到农业可持续发展的关键问题之一。有研究表明，在一定施氮量范围内，玉米产量随施氮量的增加而增加，超过这个施氮量范围，玉米产量不再随施氮量的增加而增加，反而会降低；但也有研究表明，由于高产耐肥玉米品种的推广，过高的氮肥用量并不会立即表现为倒伏和产量下降。根据国家统计局数据，1990—2012 年，华北平原小麦、玉米氮肥用量从 432.4 万 t 增加到 613.44 万 t，增幅为 41.48%。氮肥过量施用影响了肥料利用率，华北平原氮肥利用率仅为 10%～20%，而技术先进国家氮肥利用率为 60% 以上。

农田养分供应是由土壤基础肥力和肥料的投入共同决定的，不同土壤肥力下土壤养分供应能力和特征也不同，由此导致作物对养分吸收和利用特征也有所不同，直接影响肥料的合理施用和养分的管理。已有长期定位试验的研究结果表明，在高肥力不施肥的条件下，种植作物 50 年后产量仍在增加，在低肥力不施肥的条件下，作物的产量持续下降。因此，进行田间施肥时，需要充分考虑土壤基础地力情况。

土壤氮素是土壤肥力中最活跃的因素，也是农业生产中限制作物产量的主要因子，施用氮肥是当前提高农作物产量最有效的手段之一。但过量施用氮肥和不合理的施肥措施等已在一些国家或地区造成大量氮素损失，致使氮肥利用率降低，农田土壤氮素损失严重，不仅影响作物的生产，增加农业生产成本，还通过各种途径造成严重的环境污染问题，如地下水硝酸盐污染、地表水富营养化和温室效应等。因此，如何提高土壤的供氮能力，减少养分流失，实现肥料氮素的高效利用仍是亟待解决的一个重要问题，成为当今世界各国土壤学、肥料学、生态学和环境学等研究领域共同关注的热点问题之一。我国现阶段氮肥的平均利用率只有 30%～41%，但是变化幅度较大（9%～72%），说明减少氮肥损失、提高其利用率和增产效果的潜力还很大。

土壤中的交换性铵和硝态氮，既是作物可直接吸收的速效氮，又是各种氮素损失过程的共同的源。土壤中适量速效氮的存在无疑是必要的，但是，过量存在将增加氮素的损失。因此，在保证植物正常生长的条件下，通过合理调整碳源与氮素营养的施用比例，尽量避免土壤中矿质氮的过量积累，增加微生物和黏土矿物对土壤无机氮素的固定量，使其转化为有机氮素或矿物固定态铵而暂时储存在土壤中，减少氨挥发和硝化反硝化损失，是提高氮肥利用率的有效手段之一。调控过渡状态有机氮或固定态铵的释放过程，又可以不断地满足作物生长对氮素养分的需求，协调土壤氮素供应。因此，提高氮素利用率对于农业的可持续发展具有重要的意义。

第十章　种养结合模式典型案例及耕地质量提升技术分析

一、种养结合模式

（一）"玉米—牛—沼—肥"种养结合型模式

"玉米—牛—沼—肥"模式，是指农田种植玉米，玉米秸秆养牛，牛粪生产沼气，沼液、沼渣还田肥地的循环农业模式。即通过玉米抗旱良种和节水高效栽培技术的推广应用，提高产量和水分利用率，发展玉米产业；对产生的大量玉米秸秆青贮发酵，提高秸秆消化利用率和采食率，促进肉牛生长；通过引进良种肉牛冻精和高产奶牛冷冻胚胎，进行杂交改良和胚胎移植，改善牛养殖结构，提高牛良种化率和养殖效益，并通过舍饲健康养殖技术推广，提高肉牛、奶牛养殖水平；利用牛粪或人畜粪便生产沼气，用于农户照明、取暖、烧水、做饭等，改善农村居住环境和农民生活条件，节省农村能源；沼液、沼渣是无公害农产品生产的优质肥料，可提高作物产量和改良土壤，降低生产成本，减少农业面源污染。

1. 模式特点

该模式以沼气为纽带，使种植业和养殖业结合紧密；在努力提高农业经济效益的同时，更加注重农业自然资源的持续利用和废弃物的资源化利用、农村生态环境和农民生活条件的改善，追求社会、经济、生态综合效益的稳步提高。

2. 关键技术集成与要点

（1）玉米节水高效栽培技术。大田玉米或制种玉米选用节水抗旱的中晚熟优良品种。规模肉牛养殖户宜选用优质高产的粮饲兼用型玉米品种。选择垄作沟灌、玉米/豌豆套种、一膜两年用、免冬灌等先进的节水高效栽培方式，并按照相应技术要求进行大田玉米或制种玉米种植。

（2）玉米秸秆青贮技术。按照青贮池修建技术规范，根据养殖规模建造相应容积的青贮池。青贮玉米秸秆适时收获，按玉米秸秆青贮技术要求、利用青贮机械及时青贮。

（3）肉牛健康养殖技术。引进良种肉牛，引进高产奶牛，规模养殖场要从养殖环境、投入品、防疫、饲养管理和牛肉产品质量检测等方面，按照国家相关规定和使用准则执行，并因地制宜，开展秸秆饲用、舍饲健康养殖。

（4）沼气建造与高效产气技术。严格按照农业农村部农村户用沼气池施工技术规范，由具有资质的沼气生产工负责建造。沼气池启动后，严格执行沼气池日常管理办法，提高沼气产气量，确保沼气持续不断地充足供应。

（5）沼液、沼渣的肥料化利用技术。沼液用于作物浸种、叶面肥、追肥和农作物病虫害防治。沼渣用作基肥、追肥；或与化肥进行合理配方施肥，减少化肥施用量；或配制营养土，用于蔬菜、花卉和特种作物的育苗。

（6）质量监控技术。玉米生产、肉（奶）牛养殖过程质量控制，按农业农村部无公害食品产地条件要求和生产技术规程执行；对耕地质量、种子、农药、化肥、有机肥、灌溉水、畜禽饮用水、饲料、玉米、牛肉、牛奶等，采用国家相关检测方法标准进行质量检测，从产地到餐桌进行全程质量控制。

（7）物质传递与能量流动平衡技术。以农户为单元，根据配水定额，调整种植结构、合理布局，确定适宜的玉米种植面积；根据玉米秸秆数量确定养牛数量；根据农户人口数量和养殖规模确定沼气池容积；沼液、沼渣合理施用，改良土壤。使模式中物质传递与能量流动达到平衡，生态系统良性循环。

3. 模式各环节运行示范效益

玉米种植环节，玉米增产 7.8%～8.9%，制种玉米增产 4.3%～12.9%，水资源利用率提高 35%；肉牛养殖环节，玉米秸秆消化利用率提高 15% 以上，采食率提高 21% 以上，肉牛生长速度提高 15% 左右，养殖效益提高 25%；沼气生产和肥料环节，提高产气量 12%，减少化肥用量 20%。

4. 模式综合效益评价

农田节水 35%，秸秆养殖利用率达到 60%，减少化肥施用量 20%，减少生活能源支出 65%，减少农业废弃物排放 75%，提高农业综合效益 36%。

（二）"小麦—菇—肥—果（葡萄）"设施配套型模式

"小麦—菇—肥—果（葡萄）"模式，是指农田种植小麦，利用小麦秸秆和牛粪生产双孢菇，双孢菇培养基废料还田肥地的循环农业模式。即对当地大面积种植的高耗水作物小麦，通过种植抗旱良种、采用节水高效栽培方式，减少灌水定额，提高小麦产量和水分利用率；利用小麦草和牛粪生产双孢菇，尤其通过小麦草和玉米秸秆的合理配比，改进双孢菇培养料配方，缓解当前随双孢菇生产规模的扩大导致小麦秸秆的不足，并为大量闲置的玉米秸秆的高效利用开辟新的途径；推广应用双孢菇良种和高效栽培技术，改变当地品种单一、产量水平不高的现状；双孢菇培养基废料作为一种优质有机菌肥，作为日光温室种植红提葡萄的基料还田。

1. 模式特点

该模式以节水为主线，以双孢菇高效生产为纽带，通过作物秸秆、牛粪和双孢菇培养基废料等废弃物的资源化高效利用，将大田和设施农业紧密相连，使环境污染治理与发展地方特色产业得到有机结合。

2. 关键技术集成

（1）小麦节水高效栽培技术。选用优质、高产、节水、抗旱的优良品种。采用垄作沟灌栽培方式，达到节水高效的目的。

（2）双孢菇节水高效栽培技术。良种选择：选用高产优质的双孢菇优良品种。栽培技术：按照双孢菇栽培技术规范要求种植。在培养料配方上，选用"小麦草牛粪"培养料、"大麦草牛粪"培养料和"（30%玉米秸秆+70%小麦草）牛粪"培养料。在投入品使用上，应选择优质、高效、安全的生长调节剂以提高产量和抗病性。

（3）培养基废料肥料化利用技术。双孢菇培养基废料作为日光温室种植红提葡萄的基料还田，改良果园土壤。

3. 模式各环节示范效益

通过对该模式各环节运行效果测评，小麦种植环节增产 7.8%～21.7%，节约水资源 35%；日光温室双孢菇生产环节，提高双孢菇产量 40% 以上，提高种植效益 30%；双孢菇培养基废料还田肥地的环节，减少化肥用量 20%，提高效益 8%。

4. 模式综合效果评价

农田节水 30%，秸秆种菇利用量 65%，减少化肥施用量 20%，减少农业废弃物排放 90%，提高农业综合效益 40%。

（三）"牛—沼/蚯蚓—肥/饲料"小型养殖场绿色农业循环模式

"牛—沼/蚯蚓—肥/饲料"是指充分利用小型养牛场奶（肉）牛生产所产生的废弃物牛粪，将其作为生产沼气或养殖蚯蚓的原料，所产沼气用于牛奶消毒、牛舍取暖和职工生活，蚯蚓作为高蛋白饲料喂牛，副产品沼液沼渣作为优质冲施肥还田。

1. 模式特点

以沼气生产和蚯蚓养殖为纽带，将牛粪的资源化利用和牛的养殖有机连接起来，获得高蛋白饲料和优质有机肥，延长养殖产业链，清洁养殖场环境，投资小、效益高。

2. 关键技术集成

"牛—沼/蚯蚓—肥/饲料"模式的运行，主要集成了牛健康养殖技术、奶牛性控欲胚胎移植技术、蚯蚓蛋白饲料应用技术、蚯蚓繁殖技术、沼气低温产气技术、沼液沼渣肥料利用技术等。

3. 模式示范效益

该模式示范运行综合效益：牛良种化率提高 30%，奶牛母犊牛生产率达 88%，显著改善肉、奶制品质量和安全水平，减少生产、生活能源开支 55%，减少农业废弃物排放 85%，提高综合养殖效益 25%。

（四）"猪—沼—果" 能源生态模式

"猪—沼—果" 能源生态模式围绕农业主导产业，因地制宜，对沼液、沼渣进行综合利用。除了生猪养殖，还可以发展牛、羊、鸡养殖；除与果业结合外，还可与粮食、蔬菜、经济作物等相结合，构成 "猪—沼—果" "猪—沼—菜" "猪—沼—茶" "猪—沼—藕" "猪—沼—鱼" "猪—沼—稻" 等衍生模式。

1. 模式特点

沼气池是 "猪—沼—果" 这一能源生态模式的核心，起到联结养殖与种植、生活用能与生产用肥的纽带作用。种植户通过建设沼气池所获得的沼气，可用于照明、做饭，同时能够解决人畜粪便随地排放造成的各种病虫害的滋生，优化了农村生态环境。另外，沼气池发酵后的沼液可用于果树叶面施肥、打药、喂猪，沼渣可用于果园施肥，从而达到改善环境、利用能源、促进生产、提高生活水平的目的。按照现代生态果园清洁生产技术建设和运行，结合果树一个生产周期所需要的营养，配套适宜规模的养殖量和沼气池，生产过程中主要使用沼肥，不用或少用化肥农药，生产出的果品是绿色食品，比普通果园生产的果品价格更高，能够为广大种植户创造更高的养殖效益。"猪—沼—果" 通过种养沼有机结合，使生物种群互惠共生，物能良性循环，可以省煤、省电、省劳、省钱，并且能够达到增肥、增效、增产的目的。

2. 具体案例

江西省吉安市农牧业发展过程中，长期坚持种养结合，采用 "猪—沼—果" 循环经济模式，利用养猪过程中产生的有机肥、沼气和沼液进行综合利用，沼气发电、沼液喷灌甘蔗、生态有机肥种植葡萄和沃柑，形成了 "猪—沼—果" 良性循环系统，促进种养业可持续协调发展。利用荒山发展油茶种植产业，并在油茶树下养殖土鸡、鸭子，不仅油茶能够增收，同时养殖的鸡、鸭能够创造较高的经济效益。除此之外，吉安市大力推广 "稻蛙共作" 生态养殖模式。"稻蛙共作" 主要是采取田中种稻、稻下养蛙的种养模式。目前当地以养殖黑斑蛙为主，通过稻蛙共作模式，蛙可以在水稻田中休息并捕食害虫，同时可以反向给水稻提供所需的生长养料，不施化肥、不用农药，使水稻真正成为绿色农作物。还可以在稻田周边开沟养殖泥鳅、龙虾、鲫鱼等生物，能同步实现增收。种养结合的循环绿色农牧业发展技术模式有很多潜能可以挖掘，在创造一定经济效益的同时，兼具观赏性，能够同步带动乡村旅游业的发展，助力吉安市乡村振兴发展。

（五）规模养殖场配建粪污处理设施就地还田模式

在畜牧业发展过程中，气味污染、粪污难处理是很多人的固有印象。当前农牧业发展背景下，通过积极开展规模养殖场粪污处理设施改造，控制养殖污染，实现绿色养殖，是大多数养殖场的常态。规模养殖场配建粪污处理设施就地还田模式主要包括以下几个过程。

（1）畜禽养殖场（户）宜采用干清粪、水泡粪、地面垫料、床（网）下垫料等清粪工艺，逐步淘汰水冲粪工艺，合理控制清粪环节用水量。新建养殖场采用干清粪工艺的，鼓励进行机械干清粪。鼓励畜禽养殖场采用碗式或液位控制等防溢漏饮水器，减少饮水漏水。

（2）新建猪、鸡等养殖场宜采取圈舍封闭半封闭管理，鼓励有条件的现有畜禽养殖场开展圈舍封闭改造，对恶臭气体进行收集处理。畜禽养殖场（户）应保持合理的清粪频次，及时收集圈舍和运动场的粪污。鼓励畜禽养殖场做好运动场的防雨、防渗和防溢流工作，降低环境污染风险。

（3）积极推进畜禽养殖废弃物资源化利用，推广粪污处理设施装备新技术升级改造，完善粪污处理配套设施。对畜禽养殖雨污分离、粪污收集、储存、利用等环节的基础设施建设进行改造，采用堆沤发酵、沼气发酵、就近就地还田利用模式，打造以粪污为原料的新能源环保型产业，构建市场化运行、产业化发展的长效机制。

（4）通过持续积极地进行粪污处理设施装备的推广与升级改造，完善粪污处理配套设施，加强技术指导，推广生态养殖模式，指导畜禽规模养殖场粪污资源化利用，不断促进畜牧业转型升级和农牧业循环可持续发展。

（六）畜禽散养密集区粪污集中收集处理模式

畜禽散养密集区应做好粪污集中收集与处理。由于养殖规模小，可能在养殖过程中缺乏粪污自行处理能力，若是长期忽视相关处理工作的展开，必然会对绿色农牧业的发展产生较大影响。新时期，通过发展种养结合的循环绿色农牧业发展技术模式，让更多的养殖小区走向多元化发展道路，具体情况如下。

（1）种养结合，粪污变为宝，打造污染治理示范场。划定禁养区、限养区和可养区，禁养区的猪场全部关停退养；限养区的猪场升级改造，环保必须达标；新建养殖小区则全部位于可养区，远离水源地和村庄。

（2）传统养殖方式所产生的粪污未得到科学的处理，是导致养殖污染的重要因素，当前需要对其做好集中处理，实现"变废为宝"。在发展生猪养殖的同时，可种植适宜当地生长的作物，能够同步促进种植业发展。

（3）做好肥料的收集和集中处理，将其制成有机肥料用于农业生产，所获得的水果成熟度、着色和口感方面均可明显提高，进而提高销售量和价格。

二、耕地质量提升技术模式分析

（一）测土配方施肥技术

测土配方施肥是以土壤测试和肥料田间试验为基础，根据作物需肥规律、土壤供肥性能，在合理施用有机肥料的基础上，选择氮、磷、钾及中微量元素等肥料的科学施肥方法。

1. 技术特点

测土配方施肥是在农业科技人员的指导下科学施用配方肥料，其核心是调节和解决作物与土壤之间的供需肥矛盾。同时有针对性地补充作物所需的各种营养元素，实现养分平衡供应，达到减少肥料，改善农产品品质，节支增收的目的。测土配方施肥技术具体优点如下。

（1）提高产量。在测土配方基础上合理施肥，增强农作物对养分吸收能力，显著提高作物产量。

（2）减少浪费、降低成本。在测土配方施肥条件下，肥料的品种、配比、施肥量等可根据土壤供肥情况和作物需肥特点确定，提高化肥利用率，降低化肥使用量，节约成本。

（3）保护环境。通过测土配方施肥，减少农药使用量，减少化肥和农药对环境的污染，实现农业生产可持续性发展。

（4）改良农作物品质。经过测土配方施肥，实现合理用肥和科学施肥的目标，提高农产品的质量。

（5）培肥土壤，改良土壤肥力。通过测土配方施肥，及时发现土壤中缺乏的营养元素，并根据需要进行配方施肥，维持土壤养分平衡，改良土壤理化性状。

（6）优化农作物布局，发展区域性优势农产品。通过对土壤分析，依据土壤和气候等因素合理布局适宜的农作物种植区域，进行科学施肥管理，实现"优质、高产、高效"农业，增加农民收入。

2. 技术要领

（1）基肥的操作要点。作物在生长过程中，其产量与所吸收营养元素总量以及种类等因素有关，而营养元素的吸收情况则与施肥情况有关。作物生长过程中所需要的营养物质主要是从种子和土壤中获取。因此，种植户在前期要施加足够量基肥，并增施有机肥，以提高土壤肥力，为作物生长提供所需营养。种植户也可以大面积施加有机肥，并积极利用优化措施，采用秸秆还田，增加施肥深度，切实提高土壤肥力，满足作物在生长过程中对营养的需求。小麦和玉米等作物产量不仅与灌溉时间以及当地气候条件有关，同时与氮肥、磷肥、钾肥等具体用量和比例有密切关系。种植人员做好前期准备工作，对土壤进行分析，检测土样，明确氮肥、磷肥、钾肥等的具体用量和施肥比例，控制肥料施加次数，如果施肥不当，会影响作物生长。

（2）种肥的操作要点。在小麦和玉米生长过程中，种植户不仅要提高作物的实际产量，同时也要降低作物的种植成本，要用最小的投入获得最高产出，而控制施肥成本能够节约种植成本，减少投入。在小麦和玉米种植过程中，可以根据作物实际生长需求，科学合理施肥。如在玉米播种时，做好准备工作，将玉米种子进行拌种、浸泡等，能有效降低病虫害对玉米种子影响，保障玉米后期正常生长。

（3）追肥的操作要点。追肥的目的是进一步提高作物产量，根据作物的不同生长阶段为作物施加不同肥料，满足作物的多元营养物质需求。在追肥时，次数不能过于频繁，根据作物生长状况适量追加肥料。在施肥过程中，要控制好作物幼苗施加肥料的时间，避免肥料烧坏幼苗，从而影响幼苗健康生长发育。

（二）水肥一体化技术

水肥一体化技术是将施肥与灌溉结合在一起的一项新型农业技术。该技术借助压力系统或自然高差，将可溶性肥料或其他营养物质溶入灌溉水中，利用压力完成浇水施肥。水肥一体化技术根据不同土壤环境、不同作物对肥料的需求以及不同时期作物对水分的需求进行差异化设计，优化组合水和肥料之间的配比，为作物提供更好的生长环境。

1. 技术特点

水肥一体化技术所用肥料是可溶性固体或液体肥料，根据土壤中含有的营养成分和种植的作物种类，配制适宜的配方肥溶于灌溉水中，通过管道系统实现水肥同供。同时还可根据作物不同生长时期需肥情况和土壤环境的不同，精准施肥，提高了水肥利用率，可节肥 35% 左右，节水 25%，农作物增产 15% 左右。

2. 技术要领

水肥一体化是一项综合技术，涉及农田灌溉、作物栽培和土壤耕作等环节，其主要技术要领如下。

（1）实施过程中建立一套滴灌系统，在设计方面，根据地形、田块、单元、土壤质地、作物种植方式、水源特点等基本情况，设计管道系统的埋设深度、长度、灌区面积等。水肥一体化的灌水方式可采用管道灌溉、喷灌、微喷灌、泵加压滴灌、重力滴灌、渗灌、小管出流等。特别忌用大水漫灌。

（2）定量施肥，规划好蓄水池和混肥池的位置、容量。掌握注入肥液的适宜浓度大约为灌溉流量的 0.1%，过量施用可能使作物致死以及造成环境污染。

（3）选择合适的肥料种类。可选液态或固态肥料，如氨水、尿素、硫酸铵等肥料；固态以粉状或小块状为首选，水溶性强，含杂质少，一般不用颗粒状复合肥；如果用沼液或腐植酸液肥需避免堵塞管道。

（4）保证肥料溶解和混匀。施用液态肥料时不需要搅动或混合，一般固态肥料需要与水混合搅拌成液肥，必要时分离，避免出现沉淀等问题。

（三）生物菌肥施用

生物菌肥是利用高科技手段将野外环境中筛选出来的微生物经诱变、复壮后，再经工业发酵，以草炭、褐煤、粉煤灰等为载体精加工而成的一种高含菌量的生物制剂，通过微生物的特定作用给植物提供营养、调节植物生长。生物菌肥可调节土壤环境，提高肥料利用率，有效改善土壤污染，解决由长期的不合理施肥带来的一系列环境问题。

1. 技术特点

（1）活化土壤、改良土壤理化性质。生物菌肥可将土壤中不易分解的微生物分解，改善土壤理化性质。盐碱地含有许多氧化物、硫酸盐和碳酸盐。这些成分导致土壤透水透气性不佳、板结和肥力逐渐下降，导致农作物产量减少、质量变差，盐碱程度严重的引起农作物死亡。土壤氮肥的供应对土壤肥效有影响，氮素的供应对作物营养物质的吸收有影响。施用固氮菌和根瘤菌肥类生物菌肥，土壤中难溶性的磷、钾元素会影响作物对土壤养分吸收利用，而芽孢杆菌和假单胞杆菌肥类微生物菌肥可以将难溶元素分解，将其转变为可供植物吸收和利用的形态，以满足作物对土壤养分的需求。

（2）提高土壤肥力。生物菌肥可促进矿物质营养的释放，为作物提供更好的生长环境。不同种类的生物菌肥作用不同，有的富含植物所需的氮、磷、钾等营养元素，可以丰富土壤养分含量；有的可以提高土壤酶活性，促进土壤中的有机物分解并产生CO_2，保持土壤中的水分含量。生物菌肥还可充分发挥土壤中的有效成分，大大提高了土壤的实际肥力，为作物提供更好的生长环境。

（3）间接提高作物品质和产量。生物菌肥中的有益菌群可释放影响作物生长发育的物质，更好地调控植物生长发育，进而改善作物品质。施用生物菌肥能在一定范围内扩大植物光合叶面积、提高干物质积累水平、促进作物生长。生物菌肥在土壤中的有益生物活跃群落改善了土壤环境，使作物生长条件有所改变，促使根系健康生长，从而提高茎、叶生长质量，增大叶面积，促进产量提升。

（4）降解有害物质。生物菌肥中含有的特殊菌群通过代谢活动可以降解一些农药，如杀菌剂、除草剂、杀虫剂等，减少对作物带来的伤害。例如生物菌肥中的单细胞杆菌可降解土壤中残留的农药；菌群中的地衣芽孢杆菌等能加速有机质分解，也能降解重金属等有害物质。

（5）抑制病原菌生长，提高作物抗逆性。生物菌肥中包含各种高效且具有特定功能的微生物，其自身的活动对植物多方面性状产生一定作用，如抗寒性、抗病毒能力和耐盐碱性。在这些特定的作用下，植物苗壮成长，在胁迫中抗性增强。生物菌肥帮助有益菌群大量繁殖，其分泌大量的抗生素等拮抗物质，有效抑制土壤中病原菌数量，还可减少病害的传播。

2. 技术要领

（1）施用温度。生物菌一般在土壤 18～25℃ 时生命活动最活跃，15℃ 以下时生命活动开始降低，10℃ 以下时活动能力微弱，甚至处于休眠状态，可见如果温度过高或者过低都会影响活性菌活动，在这种情况下注意不施用菌肥。

（2）施用土壤。土壤 pH 值和有机质是土壤的重要因素。土壤 pH 值在 6.5～7.5 时最适合生物菌繁殖，土壤偏酸或偏碱都不利于生物菌生长繁殖。而有机质是生物菌的载体，是生物菌赖以生存的食物，所以菌肥一定要与有机质同时施用。

（3）施用数量。生物菌不能替代复合肥，应与复合肥混合施用，要注意化肥量不能过多，一般每公顷施用 375 kg 三元复合肥，1 000 kg 生物菌肥为宜。

（4）施用环境。生物菌肥在施用过程中不能有杀菌环境，注意不能和杀菌剂混合使用。

（5）施用湿度。土壤湿度影响生物菌肥施用效果。由于生物菌大部分是好氧菌，在土壤见干见湿时生命力才活跃。施用生物菌肥后一定要合理灌水，最好选择晴天上午浇小水，不仅能提高地温，还能放风排湿。注意浇水后进行划锄，增加土壤通透性，提高生物菌肥效果。

（四）生物炭技术

生物炭是在低氧和缺氧条件下，将农作物秸秆、木质物质、畜禽粪便和其他材料等有机物质经过高温热解而形成的产物，是以固定碳元素为目的的炭。生物炭在农业上的应用主要指在土壤中加入生物炭颗粒或载有菌体、肥料或与其他材料混配的功能型生物炭复合材料，主要有改良土壤、增加地力、改善植物生长环境、提高土壤生产力及农产品品质的作用，对提升耕地质量意义重大。

1. 技术特点

（1）改善土壤物理性质。生物炭容重一般在 $0.08～0.5\ g/cm^3$，容重远低于矿质土壤，将生物炭添加到土壤中可以改变土壤孔隙分布，降低土壤容重，增加土壤孔隙连通性，改善水和空气循环，提高保水性，减少土壤板结。生物炭的施用还利于土壤团聚体形成。一方面，生物炭自身含有较高促进团聚体形成的物质，如较高含量的有机碳，

Ca^{2+}、Mg^{2+} 以及丰富的表面官能团等。生物炭施用可以与土壤本土有机质相互作用增加土壤团聚性，较高的 Ca^{2+}、Mg^{2+} 以及丰富的官能团可以增加土壤团聚体的吸附功能，提高土壤大团聚体含量和稳定性。另一方面，生物炭疏松多孔的结构有利于土壤微生物附着，增加微生物活性和菌根的数量。真菌和放线菌的菌丝有助于土壤颗粒聚集，促进团聚体形成和稳定性。

（2）改良土壤，提高保肥能力。施用生物炭可降低土壤酸度，增加土壤有机质和养分含量，降低养分流失，提高土壤保肥能力。生物炭中的盐基离子，如 K^+、Na^+、Ca^{2+} 和 Mg^{2+} 等通过交换作用降低土壤 H^+ 和交换性 Al^{3+} 含量，提高土壤 pH 值。施用生物炭使土壤持水供水能力增强，减少水溶性离子的淋失，并在土壤中持续而缓慢地加以释放，达到保肥效果。此外，生物炭对于 NH_4^+-N 和 NO_3^--N 有很好的固持作用，除了生物炭本身吸附作用以外，能够有效防止氮素淋溶和挥发损失。生物炭与化肥配施能改善土壤理化性质，显著提高土壤有机碳、全氮、碱解氮含量，促进玉米对氮素、磷素的吸收。

（3）修复土壤重金属污染。生物炭因其比表面积大、孔结构丰富且含有大量无机灰分和极性官能团，对重金属表现出较强的吸附能力。将生物炭添加到重金属污染的农田土壤后，可以调节和改变土壤中 Cd 的物理化学性质，降低其在植物根际环境中的生物有效性和可迁移性，降低植物对 Cd 的吸收富集。生物炭可以作为污染土壤的一种化学钝化剂，通过吸附、沉淀、络合、离子交换等一系列反应，使污染物向稳定化形态转化，以降低污染物的可迁移性和生物可利用性，达到污染土壤原位修复的目的。

2. 技术要领

（1）在施用生物炭时注意配施氮肥、补充硫肥。生物炭加工过程中氮、硫分解损失较严重，碳氮比比有机肥高得多，加上生物炭有非常强的吸附性，大量单一施用会导致土壤有效养分被吸附，特别是对氮的吸附，从而降低土壤有效养分含量而影响作物生长。

（2）避免在碱性土壤中大量施用。生物炭土壤改良剂呈弱碱性，如在碱性土壤中大量施用会加重土壤碱性，从而影响作物生长发育。

（3）施用时注意防护。基于生物炭比表面积大和孔隙度高的特点，许多污染物、细菌和病毒容易附着在生物炭上，并随着空气流动细小的生物炭颗粒容易进入人体的呼吸道和皮肤，对呼吸系统和心血管健康造成一定威胁。

（4）尽量选择晴朗无风的天气施用生物炭。如果在有风天气施用，不仅会导致生物炭的损失，还不能保证施用的均匀度。

（5）用喷雾器对生物炭进行湿润时，注意湿润程度，既不能过干，也不能湿润过度。过干翻地时生物炭会随着旋耕机飞扬影响均匀度，湿润过度翻地时生物炭会黏附于旋耕刀片上，不利于生物炭进入深层土壤。

（五）秸秆粉碎还田机械化技术

秸秆粉碎还田技术是用秸秆粉碎机将农作物秸秆就地粉碎，均匀地抛撒在地表，随即翻耕入土，使之腐烂分解。本节主要介绍玉米秸秆粉碎还田机械化技术。

1. 技术特点

（1）提高工作效率。玉米秸秆的还田作业需要经历秸秆粉碎、抛撒还田等多个环节，而还田机械化技术可以同步完成粉碎、抛撒和还田等过程，极大地提高了玉米秸秆还田作业的工作效率，减少了在还田处理过程中对人力因素的需求和依赖，使更多的农民能够将耕种精力放到其他的农耕事务上，也进一步推进了我国现代化农业迈向机械化和技术化的方向发展。玉米秸秆还田机械化在实践应用的过程中，可以使高茬秸秆转变为短茬，无论是复播耕种或直接还田等，都可以满足应用的需求。

（2）增加土壤肥力。玉米秸秆的还田是使秸秆在发酵腐化过程中将有机物质转变为土壤肥力的重要过程，特别是氮、磷、钾、钙、镁等元素的含量有明显增加，进一步提升了农田的实际产量和土壤质量。经过秸秆还田的土壤有机物含量提高 0.2%，在连续还田作业的过程中，玉米实际产量最高可增产 10%。玉米秸秆中含有大量的有机物质，在其还田的过程中会经过腐熟和分解等步骤，经粉碎还田处理后相当于每公顷土地增加了 330 kg 氮、180 kg 磷和 450 kg 钾，是一种极为理想的绿色环保有机肥料。

（3）保护生态环境。在传统的玉米秸秆还田应用中，许多农民会采用直接焚烧的方式，将其转变为草木灰等，尽管也能够在一定程度上增强土壤肥力和有机物含量，但在其大量燃烧的过程中会产生二氧化碳和粉尘，更易造成温室效应和空气污染，也是目前秸秆还田中禁用措施之一。机械化还田作业的方式是利用刀具将高茬秸秆破碎后直接抛撒还田，在整个作业过程中不会对周边的生态环境等造成污染和破坏，破碎后的秸秆覆盖在土壤表面能够有效减少地下水分的散失，在保水和保墒方面具有较大应用优势。机械化作业的方式有效提升了还田作业过程中的秸秆利用率，进一步促进了农业的现代化发展水平，真正实现了农业与生态的和谐发展。

2. 技术要领

（1）在实现玉米秸秆还田机械化应用过程中，提前做好机械化设备的选用和刀具安装调试等工作，将其底部的切碎装置设置在距离地面 10 cm 处为宜，使玉米的高茬秸秆转变为 10 cm 以下的短秸秆。

（2）我国不同地区的玉米成熟时间存在一定差异，农民在选择还田机械化时，需做好气候和时节的有效把控，并根据秸秆腐熟程度和农田管理要求进行机械化作业。

（3）秸秆翻埋处理的初期，可能会出现与土壤中本身微生物或其他农作物争氮的情况，在进行机械化作业的同时，还应对农田施加氮肥，使秸秆的碳氮比更符合其快速腐化分解的需求，同时，使秸秆和农田的湿度保持在 60% 以上，若有不足，应当及时进行灌溉以促进秸秆的分解和肥力提供。

（4）秸秆机械化直接还田是秸秆处置的一种有效方式，但常规的机械化秸秆直接还田后往往难以在短时间内软化和降解，不利后茬作物移栽和作物根系生长。因此，在机械化还田操作的同时，推广运用秸秆腐熟剂，能加快小麦等农作物秸秆的腐熟分解，腐解速度比不加秸秆腐熟剂提高 30% 以上。

（六）机械化深施肥技术

机械化深施肥技术主要是指按农艺的要求使用农业机械，将化肥按照不同的要求施于土壤表层以下一定的深度。

1. 技术特点

（1）提升肥料利用率，促进农民增产增收。在耕作条件相同、肥料使用量相同的情况下，采取机械化深施肥技术进行施肥操作的作物产量明显超出人工地表施肥作物产量，作物产量增幅平均可达到 15% 左右。

（2）降低生产成本，提升经济效益。随着城郊劳动力价格的逐渐升高，使用机械化作业有效降低劳动成本，提升农业生产经济效益；机械化作业还可保证施肥效率和施肥量的合理控制，为农作物健康生长提供保障。

（3）减少化肥浪费。化肥深施技术的应用，可有效降低肥料的挥发作用，尤其是可以减少氮素损失，减少化肥使用量，提升耕地质量，增加经济效益。

（4）降低环境污染。食品安全问题已成为社会各界所关注的重点问题，在进行农业生产中，施肥量的合理控制可有效保证食品安全。需要根据作物生产需求对施肥量进行严格控制。而机械化深施肥技术的应用可将肥料直接送至作物根系附近，让根系快速吸收肥料。减少肥料在土壤中的存留时间，不仅可以降低环境污染，还可以保证食品安全。

2. 技术要领

（1）施肥深度。氮元素在土壤中的移动半径在 10 cm 以上，如果施肥深度过浅，容易造成养分挥发损失。因此，施肥深度最好在距地表 10 cm 以下。最好进行分层深施肥，第一层在种下 4～6 cm，第二层在种下 8～12 cm，以便在作物不同生育期供应养分。

（2）肥料分布。根据作物的需肥规律和位置肥效理论，针对化肥在土壤中的分布状况，总结出"穴施不如条施，条施不如带施，带施不如分层施，分层施不如全层施"的施肥方式。研究发现，肥料与种子施于同一部位出苗率仅 21.7%，肥料与种子距离

2 cm 时出苗率 39.3%，距离为 5 cm 时出苗率 85.6%。

（3）施肥量。各地区不同时期化肥施用量的差别很大。从经济观点看，施肥量并不是越多越好。由于各地土壤肥力不同以及不同作物生育期所需营养成分和数量也不同，因此，应尽可能采用配方施肥和测土施肥技术，科学而经济地施用化肥。

（4）施肥方法和时期。作种肥春季施用时，应避免肥种同床同位，最好是单独开沟侧深施肥。施肥量不宜过大和过于集中，尿素作种肥一次施用量一般不超过每公顷 250 kg。结合春整地深松起垄时，采用垄体内分层深施肥，可加大施肥量。作为追肥，结合中耕施用时，由于气温较高，化肥容易挥发，因此，追肥深度应大于 10 cm。作物行距偏差较大时，不宜进行机械深施肥作业，以免伤根伤苗。夏季发生旱涝灾害时，不宜进行追肥，以免造成化肥挥发和随雨水径流的损失。作为基肥，在秋季进行深施肥效果最好，可以进行深松、分层深施肥、起垄镇压联合作业；要是平作，可以进行全面深松、全面深施肥、整地联合作业。时间最好在封冻前 15 d 内进行作业，这样随着气温降低和土壤冻结，水分渗透和化肥分解逐渐停止，养分损失机会少。并可以增加施肥量，实现一次全量深施肥。

（5）政府支持及机械配套。农业农村部门及农机推广机构应充分调动农机合作组织、种粮大户、农业产业基地的积极性，做好示范性推广工作。政府部门加大政策、资金等扶持力度，对购买施肥机械设备进行累加补贴，对深施肥机械作业实施作业补贴。加强深施肥技术农机与农艺的配套研究，开发与机械化深施技术配套的肥料。

（七）玉米大豆间作套种技术

玉米套种大豆是一种常见的农林复合技术，涉及在同一块土地上同时种植两种作物。这种做法可以改善土壤健康，提高作物产量，并提供更加多样化和可持续的农业系统。

1. 技术特点

（1）提高农作物产量。玉米大豆间作套种是一种有效的农业种植方式，能够提高农作物产量。因为玉米和大豆的生长节奏不同，联合种植能够充分利用两种农作物的空间和养分，提高土地的利用率。同时，大豆根系能将深层土壤中的氮素吸收并在土壤中固定，为后续玉米生长提供充足养分，提高玉米产量。

（2）减少病虫害。玉米大豆间作套种能减少病虫害发生。在联合种植过程中，大豆有一定杀虫作用，能够抑制玉米叶甲虫等害虫的繁殖。同时，玉米也能够对大豆的蚜虫、飞虱、菜青虫等害虫进行防御，互相保护，减少化学农药使用量，保证农作物健康生长。

（3）改善土壤和优化资源利用。玉米大豆间作套种能改善土壤和优化资源利用。

大豆根系能够吸收土壤中氮素，减少化学肥料使用量，从而减少对土壤的负荷。同时，大豆还能在根瘤中转换出大量氮气，为土壤提供养分，改善土壤结构和水分保持能力。另外，大豆和玉米联合种植还可减少耕作次数，节约人力资源和时间，为后续种植作物提供可持续的生态系统。

2. 技术要领

（1）种植管理规范化。严格遵守种植管理流程化和标准化，运用科学管理方法提升大豆和玉米产量。大豆对土壤要求不是非常苛刻，只要经过耕翻过的土地都可进行种植，富含有机肥的土壤，种植大豆效果更好。在种植大豆过程中，尽量避免迎茬及重茬。种植前，对要种植土地进行一次整地。最好在秋收后就对土地进行合理深翻，深度为 19～23 cm，有效改善土壤环境，促进大豆根部发育，使大豆快速生长。大豆玉米高产栽种前，应对种植土地进行灭茬工作。灭茬整地前，对土地进行施肥。

（2）科学间隔距离。玉米间作大豆带状的复合种植技术要求严格控制农作物种植的间隔距离，合理的间隔距离能提高产量和土地利用率。过大或过小的间隔距离都会对农作物生长和产量产生不利影响。如果种植密度过大，会导致农作物之间的通风不良，容易造成植株之间的竞争，限制植株的生长空间，影响光合作用和气体交换，导致植株缺氧和营养元素的流失，最终导致农作物生长不良，产量下降。相反，如果种植密度过小，会导致土地利用率低，造成农田资源的浪费。植株之间的间隔过大，会导致光能利用不充分，限制产量的提高。因此，在选择种植间隔距离时，需要综合考虑农作物的生长特性、光照、通风、土壤肥力以及后期机械化操作的便利性等因素。一般推荐采用宽窄行种植，在玉米宽窄行适度的前提下扩大玉米与大豆之间的距离。玉米窄行 40 cm，宽行 160 cm，在玉米宽行内种 2 行大豆，行距 40 cm，大豆行与玉米行间的距离为 60 cm。玉米种植密度每公顷 67 500 株以上，玉米、大豆穴距 12～15 cm，穴留 1 株，大豆密度每公顷 135 000～195 000 株，穴留 2 株。

（3）科学除草。种植大豆时，选择除草剂除草。对于多年生杂草可采取人工拔除方式，除草遵循"除早、除小、除了"原则。大豆收获后应及时翻耕和晾晒土壤，之后准备开展种子育苗工作。播种玉米前，对土地进行深翻和平整工作，通常深度 25 cm，播种时可根据不同农作物的具体情况确定播种时间，一般为 7 月初至 8 月初。播种玉米时，将种子与肥料混合，注意土壤的湿度和温度，一般为田间持水量的 65% 左右，以提高种子发芽率。在玉米苗期需要进行除草工作，由于玉米幼苗较小且根系较浅，避免在除草时伤到幼苗。在玉米生长到 30 cm 时及时间作大豆，已经出苗的玉米地可选择封闭除草方式，对没有出苗的玉米地可选择茎叶处理方式。

（4）水肥管理。由于玉米和大豆的生长环境较为一致，在种植过程中，两种农作物的水肥管理可同时进行。玉米和大豆虽在生长中对水分需求不少，但并不耐涝，在雨水较多的时节要注意及时开沟引流，以免水分过大给农作物带来危害。在干旱天气，及时对玉米、大豆进行浇灌，保证其生长所需的水分供给。农作物生长期间，密切关注其对土壤养分的需求，进行及时的追肥处理，保证农作物的营养供应，实现玉米、大豆双高产。

（5）机械化收割。玉米间作大豆带状复合种植的模式可实现收割机械化，这种种植模式的特点是将玉米和大豆交错种植，形成带状结构，使得作物间的间距加大。收割机械可以更容易地进入田间进行作业。在玉米和大豆成熟后，根据需要选择合适的收割机械进行收割。相比传统的单一作物种植模式，这种带状复合种植模式可以节省大量人力物力，提高工作效率。通过机械化收割，可以节省出大量时间，将更多的精力投入其他农业活动中，提高农业生产效益。

主要参考文献

包玉霞，2023. 种养结合型循环农业经济发展模式分析 [J]. 山西农经（15）：163-165.

车宗贤，于安芬，李瑞琴，等，2011. 河西走廊绿色农业循环模式研究 [J]. 农业环境与发展，28（4）：59-63.

陈智坤，郝雅珺，任英英，等，2021. 长期定位施肥对两种小麦耕作系统土壤肥力的影响 [J]. 土壤，53（1）：105-111.

房彬，李心清，赵斌，等，2014. 生物炭对旱作农田土壤理化性质及作物产量的影响 [J]. 生态环境学报，23（8）：1292-1297.

冀建华，2023. 加强耕地地力建设全面提升耕地质量 [J]. 河南农业（10）：13.

姜再兴，2010. 玉米秸秆还田技术优势分析及实施要领 [J]. 现代农业装备（5）：65-66.

巨晓棠，张翀，2021. 论合理施氮的原则和指标 [J]. 土壤学报，58（1）：1-13.

李春越，常顺，钟凡心，等，2021. 种植模式和施肥对黄土旱塬农田土壤团聚体及其碳分布的影响 [J]. 应用生态学报，32（1）：191-200.

李荣，2023. 黑土地保护与耕地质量提升 [J]. 腐植酸（1）：13-22.

李志勇，王璞，魏亚萍，等，2003. 不同施肥条件下夏玉米的干物质积累、产量及氮肥利用效率 [J]. 华北农学报，18（4）：91-94.

李宗新，董树亭，王空军，等，2008. 不同施肥条件下玉米田土壤养分淋溶规律的原位研究 [J]. 应用生态学报，19（1）：65-70.

马阳，2018. 不同耕作施肥方式下的夏玉米养分利用和土壤效应研究 [D]. 保定：河北农业大学.

马占旗，姬丽，李稼润，2022. 施肥方式对玉米生长发育、产量及经济效益的影响 [J]. 农业科学研究，43（2）：25-29.

聂磊，周静雯，2023. 浅谈耕地质量评价方法 [J]. 南方农机，54（23）：36-39.

苏舜，2022. 不同施肥方式对小麦产量及肥料利用率的影响 [J]. 现代农业科技（1）：12-14.

孙仕军，闫瀛，张旭东，等，2010. 不同耕作深度对玉米田间土壤水分和生长状况的影响［J］. 沈阳农业大学学报，41（4）：458-462.

王金凤，徐明泽，高丽，等，2022. 测土配方施肥对夏玉米产量及肥料利用率的影响［J］. 安徽农学通报，28（10）：99-101.

王素英，陶光灿，谢光辉，等，2003. 我国微生物肥料的应用研究进展［J］. 中国农业大学学报，8（1）：14-18.

温延臣，张曰东，袁亮，等，2018. 商品有机肥替代化肥对作物产量和土壤肥力的影响［J］. 中国农业科学，51（11）：2136-2142.

吴大贵，2012. 缓控释肥及其施用技术［J］. 农技服务，29（3）：297，299.

谢昕云，蒋园园，赵文，等，2023. 基于耕地质量等级与限制因子的耕地质量提升分区：以安徽省青阳县为例［J］. 云南农业大学学报（社会科学版），17（2）：149-156.

曾凡林，曾娟娟，2023. 种养结合循环绿色农牧业发展技术模式探讨［J］. 农业技术与装备（12）：169-170，173.

张洪芳，居立海，许飞鸣，等，2019. 耕地质量提升和化肥减量增效技术模式［J］. 农业工程技术，39（35）：56-57.

张晶，党建友，张定一，等，2020. 节水灌溉方式与磷钾肥减施对小麦产量、品质及水肥利用效率的影响［J］. 水土保持学报，34（6）：166-171.

张蕾娜，李超，程锋，2023. 耕地资源质量分类体系构建［J］. 中国土地（1）：9-11.

张鑫，2023. 绿色种养循环农业运行机制与技术模式的探索［J］. 农业装备技术，49（3）：58-59.

甄丽莎，谷洁，高华，等，2012. 秸秆还田与施肥对土壤酶活性和作物产量的影响［J］. 西北植物学报，32（9）：1811-1818.

CHEN W, YUAN W, WANG J, et al, 2022. No-tillage combined with appropriate amount of straw returning increased soil biochemical properties［J］. Sustainability, 14（9）：48-75.

HAO X, HAN X, WANG S, et al, 2022. Dynamics and composition of soil organic carbon in response to 15 years of straw return in a Mollisol［J］. Soil and Tillage Research, 215：105-221.

HE Y L, XI B Y, LI G D, et al, 2021. Influence of drip irrigation, nitrogen fertigation, and precipitation on soil water and nitrogen distribution, tree seasonal growth and nitrogen uptake in young triploid poplar（*Populus tomentosa*）plantations［J］. Agricultural Water Management，243：106460.

SALEM H M，VALERO C，MUNOZ M Á，et al，2015. Short-term effects of four tillage practices on soil physical properties，soil water potential，and maize yield［J］. Geoderma，237/238：60-70.

ZHOU G，XU S，CIAIS P，et al，2019. Climate and litter C/N ratio constrain soil organic carbon accumulation［J］. National Science Review，6（4）：746-757.